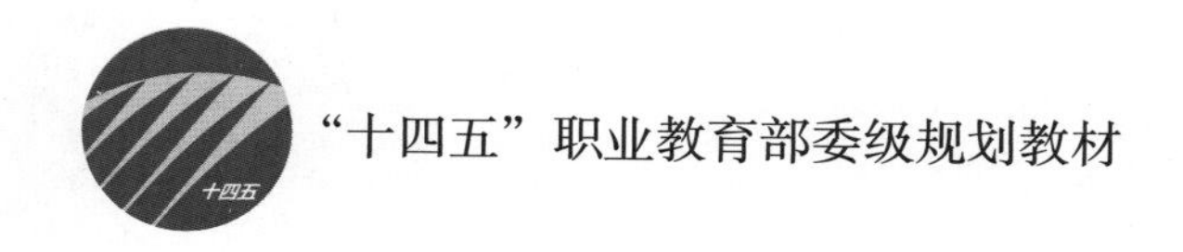

“十四五”职业教育部委级规划教材

立体裁剪

符小聪　黄志成　叶蔚嘉　编著

中国纺织出版社有限公司

内容提要

本书主要讲述服装立体裁剪相关知识，包括立体裁剪概述、立体裁剪基础知识和技术准备、经典上衣立体裁剪、经典裙装立体裁剪、礼服的立体裁剪与快速立体裁剪等。本书注重专业理论知识和专业技术的培养，从设计和技艺两个层面着手，诠释立体裁剪的方法和规律。本书收录多款经典案例，款式新颖、图文并茂、可操作性与实用性强。

本书适合作为高等职业院校服装类专业教材使用，也适合广大服装设计爱好者和从业者学习和参考。

图书在版编目（CIP）数据

立体裁剪 / 符小聪，黄志成，叶蔚嘉编著. -- 北京：中国纺织出版社有限公司，2021.5（2023.7 重印）

“十四五”职业教育部委级规划教材

ISBN 978-7-5180-8448-7

Ⅰ. ①立… Ⅱ. ①符… ②黄… ③叶… Ⅲ. ①立体裁剪 - 职业教育 - 教材 Ⅳ. ① TS941.631

中国版本图书馆 CIP 数据核字（2021）第 051348 号

责任编辑：郭　沫　　责任校对：寇晨晨　　责任印制：王艳丽

中国纺织出版社有限公司出版发行

地址：北京市朝阳区百子湾东里A407号楼　邮政编码：100124

销售电话：010—67004422　传真：010—87155801

http：//www.c-textilep.com

中国纺织出版社有限公司天猫旗舰店

官方微博http：//weibo.com/2119887771

北京通天印刷有限责任公司印刷　各地新华书店经销

2021年5月第1版　2023 年 7 月第 2 次印刷

开本：787 × 1092　1/16　印张：10

字数：160千字　定价：59.80元

前言

立体裁剪是研究服装空间立体造型的一门学问，是进行服装设计、板型研究的重要专业基础。立体裁剪起源于欧洲，在我国，立体裁剪已经走过了近四十年的历程，经历了引进、融合、应用、推广等阶段，不但被纳入我国高等服装院校的教学体系，而且成为国内大赛与高级服装定制的必备技术，同时也发展成为服装设计专业及相关专业的一门核心专业课程，是技术能力与艺术修养的综合体。

本书重在指导读者进行立体裁剪实践，在“看图”时代，以详细的图示方式，直观呈现各类服装款式的立体裁剪制作过程。本书共编有六章：第一、第二章是必要理论与实训基础部分，包含立体裁剪基础知识、立体裁剪常用工具与材料、立体裁剪的技术准备等内容；第三、第四章侧重上装、裙装经典款式的立体裁剪制作；第五章侧重礼服的应用设计；第六章则是注重立体裁剪造型的能力拓展。

本书从局部到整体，从基础到拓展和提高，通过经典款式、代表性款式讲述立体裁剪的技术要领，揭示服装立体造型的基本规律和服装立体设计的基本原理，通过立体裁剪的学习和训练，使读者了解和掌握立体造型的操作方法，提高对设计和板型的掌控能力，为设计创新、板型研究拓展更广阔的空间。

本书的内容主要来自编者十多年来从事立体裁剪教学和服装立体造型设计实践的总结，也受益于国内外一些资料的启示。本书在编写过程中，注重专业理论知识的理解和专业技术的培养，将基本原理和变化设计相结合，进一步强调板型的修正及调板的重要性，以求达到对知识的融会贯通。同时为启发读者的创造性思维，从设计与技艺两个层面着眼，对立体裁剪的方法和规律加以诠释。

本书由中山职业技术学院符小聪、中山职业技术学院黄志成以及中山市东区周雪清刺绣艺术工作室叶蔚嘉编著，中山职业技术学院服装与服饰设计专业教研室负责本书编撰思路的拟订与论证工作。本书由符小聪主持编撰，其中第一章、第三章、第五章由符小聪、黄志成编撰，第二章、第四章由符小聪、叶蔚嘉编撰，第六章由符小聪、黄志成、叶蔚嘉编撰，配图由符小聪、叶蔚嘉绘制及编排，全书由黄志成负责统稿。

由于编者水平的局限和编撰过程中的客观因素，书中难免有疏漏和欠妥之处，敬请诸位专家学者、行业贤达、同行翘楚和广大读者予以批评指正。

符小聪
2020年5月

目录

第一章 立体裁剪概述

第一节　立体裁剪基础知识

在我国，立体裁剪已经走过几十年的历程，经历了引进、融合、应用、推广等阶段，不但被纳入我国高等服装院校的教学体系，而且成为国内大赛与高级服装定制的必备技术。如图1-1～图1-3所示，立体裁剪项目已成为全国职业院校技能大赛的必赛内容。

图1-1　全国职业院校技能大赛现场图

图1-2　广东省职业院校技能大赛现场图

《2018年全国职业院校技能大赛中职组“服装设计与工艺”赛项实操试题库》
女时装纸样设计与立体造型参考题

层次	中职组	季节	2018春夏	编号	2018SS/D006	考生签名	
款号	2018SS/D006	款式名称	连衣裙	出款日期	2018-05-20	完成时间	

参考规格与松量设计　单位：cm

号型＼部位	后中衣长	胸围	腰围	肩宽	小肩宽	袖肥	袖长	袖口
165/84A	102	90	70	34	6.5	32	23	29

松量设计：1. 与款式风格匹配。
2. 符合人体运动机能性与舒适度要求。
3. 与面料性能匹配。

注：未标注尺寸的部位，选手需根据款式图进行设计。

款式图

正面款式图　侧面款式图　背面款式图

款式特点与外观要求

款式特征描述：

1. 领子：一字圆领口，领口内贴边。
2. 廓型：X型；腰部合体。
3. 前片：前片胸腰省对接呈U形；连接前下中缝至底摆，做一个波浪；衣片向后过侧腰再做一个波浪；至后腰省处做一半褶裥。
4. 后片：后上片收一省道，低腰“V line”结构；后下片左右各做一个半褶裥与前片的半褶裥对接，后中缝通底摆，后中拉链至臀上。
5. 袖子：风车旋转袖；袖山顶部上翘；袖口内贴边。

外观造型要求：

1. 衣身外观评价点：衣身正面干净、整洁，前后衣身平衡；胸围松量分配适度，胸立体和肩胛骨适度；腰部合体；袖窿平服，空隙量适度；领口平服，不外翻，无浮起或紧拉；无不良皱褶。
2. 褶皱外观评价点：交叉褶的位置、比例正确；造型优美；环浪圆顺、饱满；叠褶与环浪关系准确。
3. 裙下摆平服、底边不起吊，不外翻；开衩平服。

技术要求

工艺要求：

1. 大头针针尖排列有序，间距均匀，针尖方向一致，针脚小，针尖方向一致；手针缝制针距均匀，手针方法恰当，缝合线迹的技术处理合理，标记点交代清楚。
2. 缝份倒向合理，缝迹平整；毛边处理光净整齐、方法准确、无毛露。
3. 布料纱向正确，符合结构和款式风格造型要求。
4. 工艺细节处理得当，层次关系清晰，造型手法新颖。
5. 衣裥和边拼的设计运用构思巧妙。
6. 腰线位置正确，拉链位置标识准确。

纸样设计要求：

1. 立体裁剪应与款式图的造型要求相符；拓纸样准确，缝份设计合理。
2. 纸样规格尺寸符合命题所提供的规格尺寸与款式图的造型要求。
3. 制图符号标注准确，包括各部位对位标记、纱向标记、褶裥符号、归拔符号等。
4. 正确表现领口与袖窿的造型关系、胸褶量的大小和均衡。
5. 衣身与贴边内外关系正确，样板无遗漏。

考试提交要件：

立裁净样板、裁剪用的1:1纸样、立体造型作品。

面料：醋酸缎	
成分	涤纶50%，醋酸纤维50%
克重	320 g/m²
幅宽	146~148cm
织物组织	缎纹

辅料	
白坯布	3m
隐形拉链	60cm

《2018年全国职业院校技能大赛中职组“服装设计与工艺”赛项实操试题库》
女时装立体裁剪、纸样制作与立体造型参考题

层次	中职组	季节	2018春夏	编号	2018SS/D007	考生签名	
款号	2018SS/D007	款式名称	连衣裙	出款日期	2018-05-20	完成时间	

参考规格与松量设计　单位：cm

号型＼部位	后衣长	胸围	腰围	肩宽	袖长	袖口
165/84A	100	90	70	35	15	28

松量设计：1. 与款式风格匹配。
2. 符合人体运动机能性与舒适度要求。
3. 与面料性能匹配。

注：未标注尺寸的部位，选手需根据款式图进行设计。

款式图

正面款式图　背面款式图

款式特点与外观要求

款式特征描述：

1. 领子：连身立领，后肩省通向领口，内领贴边。
2. 廓型：合体X型。
3. 上半身：前片左前胸八个不对称的褶，构成倒竹笋造型；两侧三角拼接至侧胯；后片后腰省缝至侧胯，与前侧呈V形分割，前后腰线中部有分割；后中缝通底摆，拉链至臀上。
4. 下半身：A字型褶裥裙，前后各有4个褶裥倒向中心，穿插在分割线中，通向底摆，前中无缝；底摆折边。
5. 袖子：方头半碗袖；袖口、袖窿内贴边。

外观造型要求：

1. 衣身外观评价点：衣身正面干净、整洁，前后衣身平衡；胸围松量分配适度，胸立体和肩胛骨适度。腰部合体；袖窿平服，空隙量适度；领口圆顺，不外翻，无浮起或紧拉；无不良皱褶。
2. 袖子外观评价点：袖山的圆度，袖子的角度，袖子的前倾斜，袖褶位置合适、褶量均匀。
3. 褶皱外观评价点：交叉褶的位置、比例正确；造型优美；波浪圆顺、饱满；叠褶与褶裥关系准确。
4. 裙下摆波浪自然、底边不起吊，不外翻。

技术要求

工艺要求：

1. 大头针针尖排列有序，间距均匀，针尖方向一致，针脚小，针尖方向一致；手针缝制针距均匀，手针方法恰当，缝合线迹的技术处理合理，标记点交代清楚。
2. 缝份倒向合理，缝迹平整；毛边处理光净整齐、方法准确、无毛露。
3. 布料纱向正确，符合结构和款式风格造型要求。
4. 工艺细节处理得当，层次关系清晰，造型手法新颖。
5. 衣裥和边拼的设计运用构思巧妙。
6. 腰线位置正确，拉链位置标识准确。

纸样设计要求：

1. 立体裁剪应与款式图的造型要求相符；拓纸样准确，缝份设计合理。
2. 纸样规格尺寸符合命题所提供的规格尺寸与款式图的造型要求。
3. 制图符号标注准确，包括各部位对位标记、纱向标记、褶裥符号、归拔符号等。
4. 正确表现领口与袖窿的造型关系、胸褶量的大小和均衡。
5. 衣身与贴边内外关系正确，样板无遗漏。

考试提交要件：

立裁净样板、裁剪用的1:1纸样、立体造型作品。

面料：台湾2009缎	
成分	涤纶90%，桑蚕丝10%
克重	310g/m²
幅宽	150~155cm
织物组织	平纹

辅料	
白坯布	3m
隐形拉链	60cm

图1-3　赛项实操试题库

一、立体裁剪的概念

立体裁剪是设计师根据设计构思，运用坯布直接覆盖在人体模型上，通过收省、打褶、起皱、剪切、转移等手段，边造型、边裁剪，直接获取款式布样，然后转换成纸样并制成服装样板的一种立体造型方法。在法国被称为“抄近裁剪（cauge）”，在美国和英国被称为“覆盖裁剪（draping）”，在日本则被称为“立体裁剪”。图1-4为运用立体裁剪完成的服装立体造型。

立体裁剪是应用立体造型的方法，在三维空间完成款式设计，有“软雕塑”之称，优秀的立体裁剪作品宛如一道亮丽的雕塑风景线，令人赏心悦目，如图1-5所示。

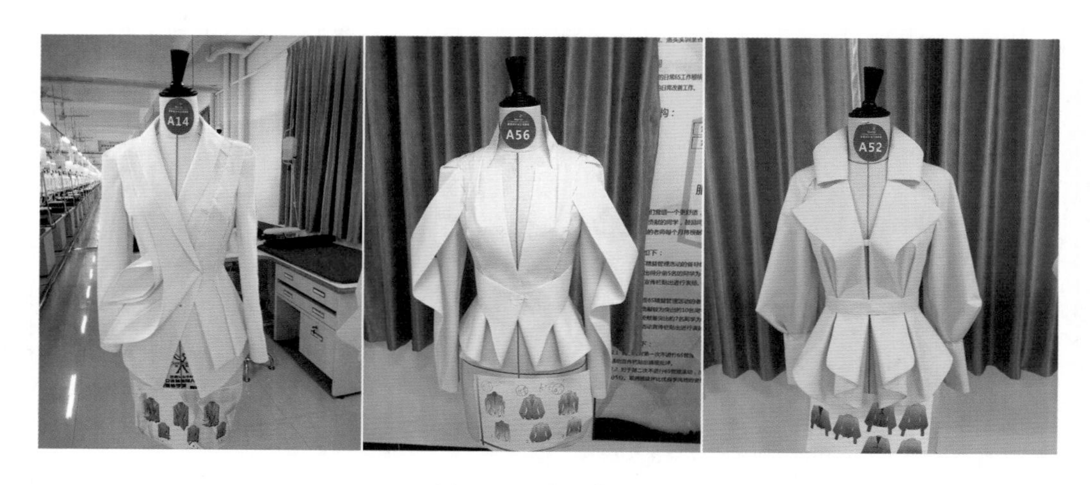

图1-4　服装立体造型

图1-5　立体裁剪优秀作品

古巴比伦的卷衣、古埃及的多莱帕里、古希腊的希顿、古罗马的托加，都是以面料直接覆盖在人体上进行立体造型，最终以缠裹、披挂的方式形成服装，这可理解为早期的立体裁剪雏形。

二、立体裁剪的特征

如图1-6所示，被誉为“时装魔术师”的约翰·加利亚诺（John Galliano）说：“立体裁剪比任何事物看起来更像工程设计，当您用面料包裹人体时，会暴露出所有可能的极限，所有一切都是发展变化的，没有一样是被严格定义的。”

图1-6　著名时装设计师约翰·加利亚诺

（一）直观性与易学性

1. 直观性

直观性是立体裁剪最值得称赞的优点，也是较显著的特征。立体裁剪的直观性有利于设计师对服装形态的调整与塑造，有利于设计师对服装材料性能、服装空间量感、衣身结构平衡的控制与把握，有助于设计师对服装样式进行即兴创作。

2. 易学性

易学性（快捷性）也是立体裁剪的显著特征之一。立体裁剪是以实践为主的技术，主要依照人体模型进行设计与操作。由于立体裁剪是把布直接附着在人台上，直接根据人体的起伏形态设计板型，在一定程度上具有对人体体表复制的性质。对于初学者而言，通过立体裁剪比较容易理解服装与人体、衣片形状与人体形态的关系。没有艰深的理论，更没有繁杂的计算公式，立体裁剪是一种简单易学、快捷有效的裁剪方法（图1-7）。

（二）技术性与艺术性

相当长一段时间，有人将立体裁剪单纯地归类为服装工程专业范畴，这是片面的理解。立体裁剪集造型、材料、制板为一体，其操作过程实质上是一个美感体验的过程。对于设计师或者制板师而言，均应在款式造型和板型制作方面具有技能精良、程序规范和操作到位的能力，更应该将艺术之美融入造型和裁剪之中，正确体现设计意图，体现其审美性、艺术性和独创性，整个立体裁剪的过程更是技术与艺术的交融过程，如图1–8所示。

图1–7　立体裁剪的特征——直观、易学、快捷

图1–8　立体裁剪的特征——技术性、艺术性

（三）特殊性与随机性

对于制板师而言，立体裁剪巨大的潜力和空间在于能够解决平面裁剪难以应对的难题，优化板型，所以立体裁剪具有其自身的特殊性与随机性。如图1–9所示，此组服装造型极富立体感，为不规则褶皱、波浪、不对称等形式，很难将造型展开为平面图形，具有一定的特殊性。有的服装造型可能是设计师一时灵感的随机试验，所以立体造型设计又具有一定的随机性，如图1–10所示。

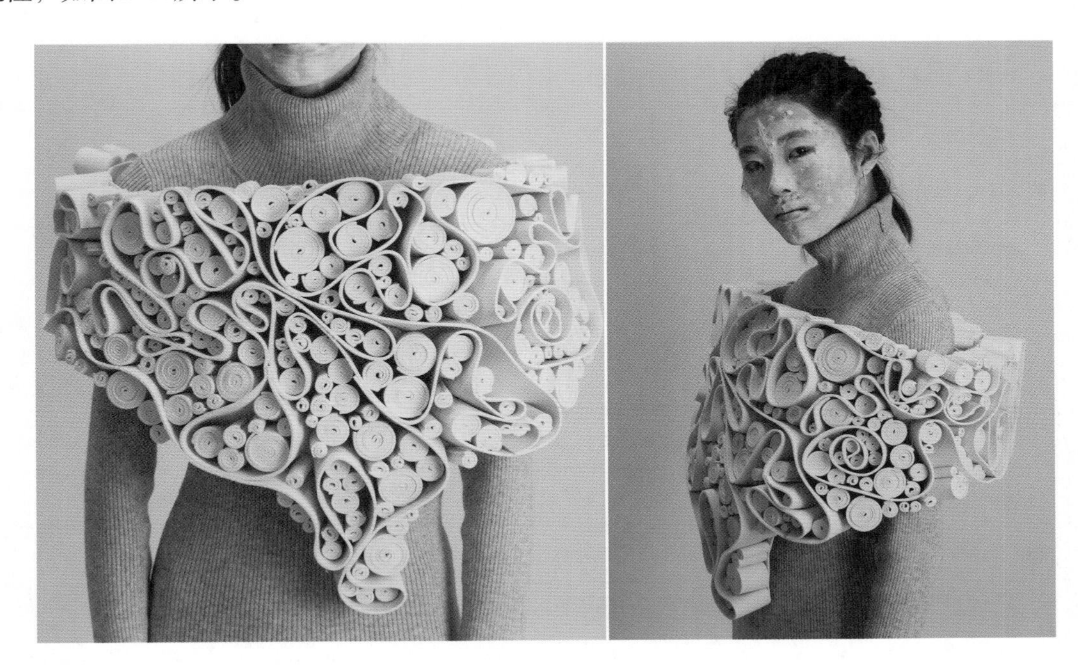

图1–9 立体裁剪的特征——特殊性

图1–10 立体裁剪的特征——随机性

三、立体裁剪与平面裁剪的比较

在服装结构制板体系中，存在两种裁剪制板方式，一种是立体裁剪，一种是平面裁剪。两种制板方式各有千秋，各有利弊，两者对比见表1–1：

表1–1　立体裁剪与平面裁剪比较表

项目＼制板方式	立体裁剪	平面裁剪
造型方法	直接法	间接法
均质性	难以达到	容易达到
对制板工具材料的依赖性	高	低
规格精确性	难以直接控制	容易直接控制
创意性	强调实验性、创造性，实验性体现在新的表现手法、新材料、新技术、立体空间、解构主义	是经验性的裁剪方法，强调规范性、规律性，对于无规律可循的东西往往难以实现
效率	简单结构低效率 复杂结构高效率	简单结构高效率 复杂结构低效率
直观性	可以直接观察	需要间接推断
经济性	制板成本相对高	制板成本相对低
适用性	适用于紧身合体、自然褶皱、曲面分割等结构复杂的服装	适用于宽松直筒、收省规律、平面几何分割等结构简明的服装

图1–11是服装制板师进行平面裁剪的工作图，图1–12是服装制板师进行立体裁剪的工作图。随着服装制板技术的发展，服装结构制板普遍采用“立体裁剪与平面裁剪相结合”的服装制板方式，大大提高了服装结构制板的效率。

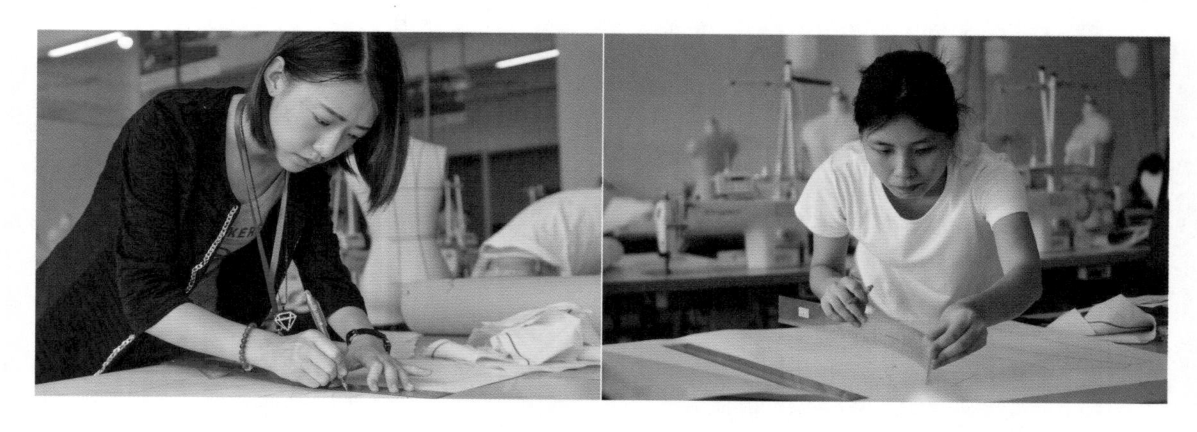

图1–11　平面裁剪工作图

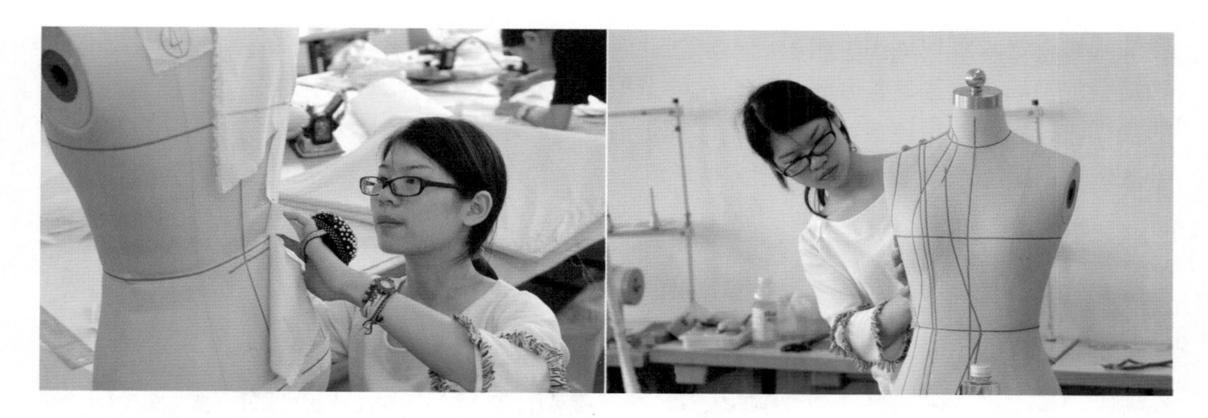

图1–12　立体裁剪工作图

四、立体裁剪的应用

（一）用于成衣生产中的立体裁剪

用于成衣生产中的立体裁剪是单独定制方法的延续与发展。随着人类服装文明的起步和发展，出现了不同规格的人体模型，它们为服装工业化的成衣生产奠定了基础。设计师可以直接利用标准的人体模型进行服装款式的设计，并通过平面化的转换获取相关的尺寸用于成衣化的生产，如图1–13所示。

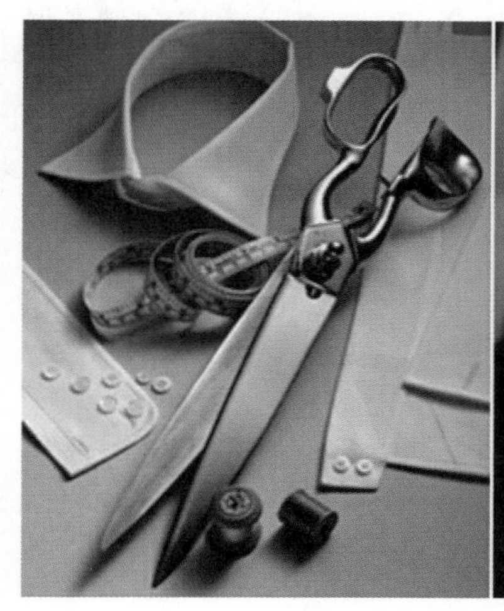

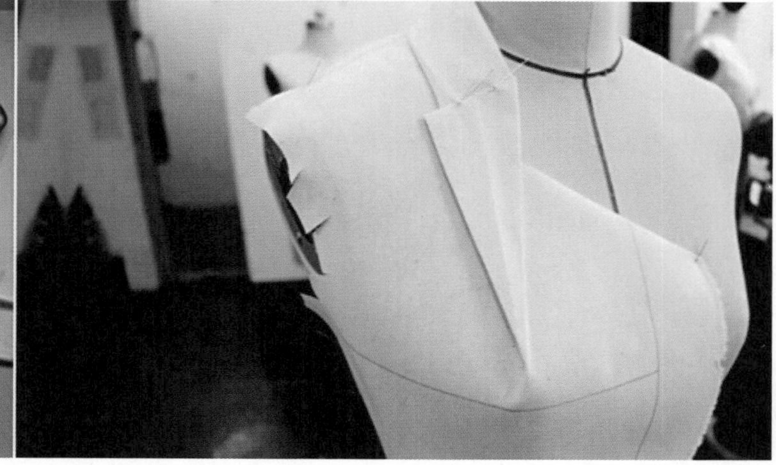

图1–13　用于成衣生产中的立体裁剪

（二）用于高级定制中的立体裁剪

单独的服装定制是立体裁剪的初始目的，通过对着装对象身体特征以及着装目的等相关方面的分析了解，采用量体、假缝、试穿等一系列手段，进行反复的修改、试制，使服装达到形神兼备，这种严谨、奢华的制衣方法一直延续到今天的高级服装定制中，如图1–14所示。

（三）用于其他方面的立体裁剪

由于立体裁剪本身具有较强的表现性和创造性，其在造型手段上的可操作性，除用于生产的同时，也较多地运用于服装展示设计。如图1-15所示，橱窗展示、面料陈列设计、大型展销会的会场布置等，其夸张、个性化的造型在灯光、道具和配饰的衬托下，将款式与面料的尖端流行感性地呈现在观者眼前，体现了商业与艺术的结合。此外，教学中采用立体裁剪方法着重用于提升学生对款式的分析与理解，从而培养学生的创新能力。

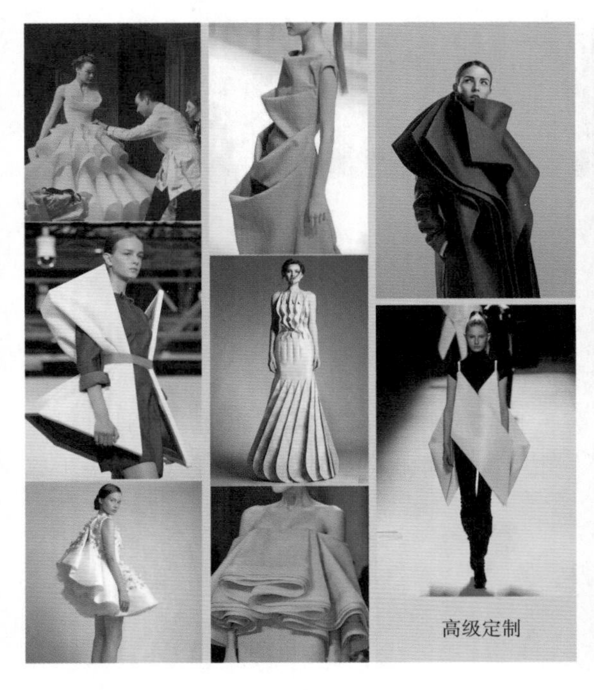

图1-14　用于高级定制中的立体裁剪

图1-15　用于其他方面的立体裁剪

第二节　立体裁剪的常用工具

一、人台

人台（人体模型）作为人体的仿真替代品，是立体裁剪中最为重要的一个工具。由于使用的目的和用途不同，人台有各种各样的类型，有不含放松量的裸体人台，也有已经加入宽松量的工业用标准人台。立体裁剪常用的人台多为裸体人台，型号为160/84A。如图1–16所示，是常用裸体人台不同角度的立体形态。

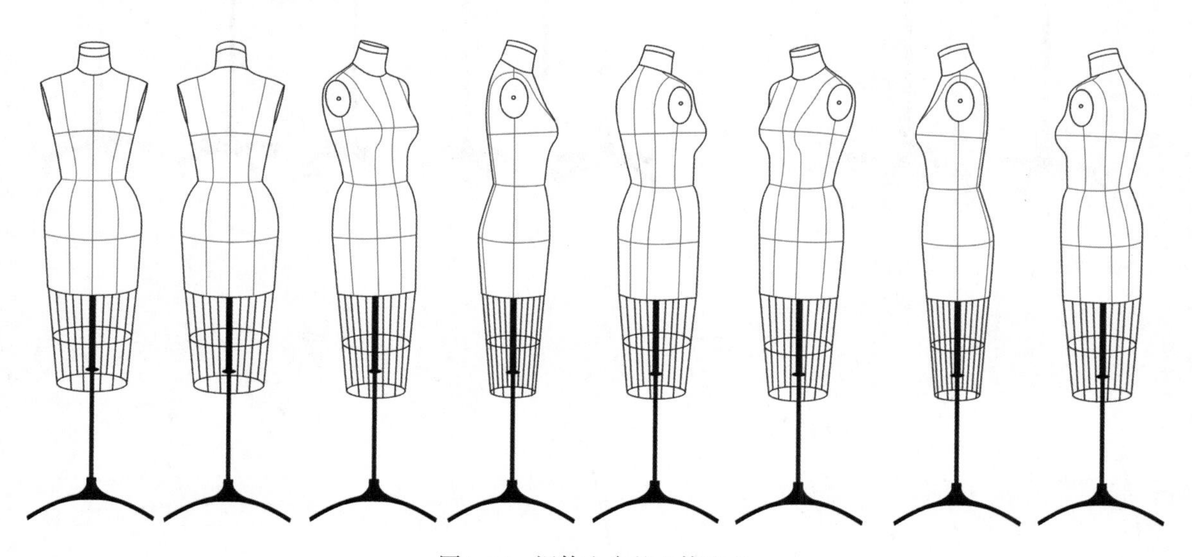

图1–16　裸体人台的立体形态

人台有不同的划分形式。按形态划分，可分为上半身人台、下半身人台和全身人台（图1–17 ~ 图1–19）；按性别划分，可分为男性体人台和女性体人台；按年龄划分，可分为成人体人台和儿童体人台；按地区划分，较常见的有法式人台、美式人台、日式人台等；另外，还有特殊人台，包括供内衣设计使用的裸体人台、特殊体型人台（胖体人台、瘦体人台）等。

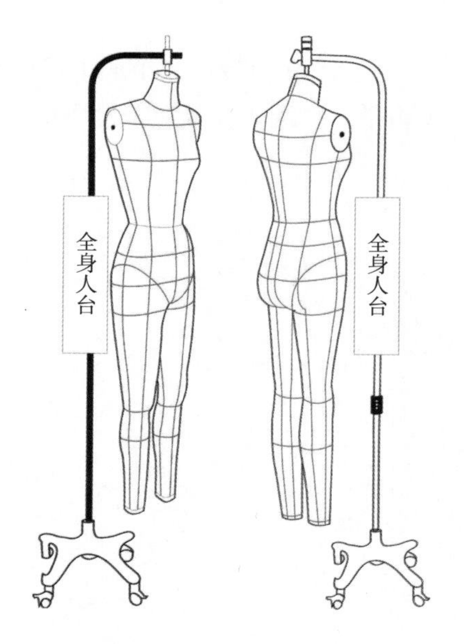

图1–17　全身人台

二、其他工具

（1）大头针与珠针：是立体裁剪的重要工具，可用于立体裁剪的临时别合与假缝（图1–20）。

（2）针包：可绑在手腕上，将大头针与珠针插在其中，便于立体裁剪操作时使用（图1–21）。

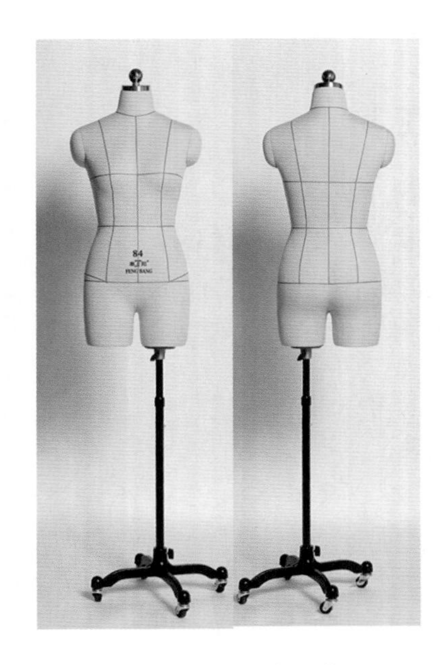

图1-18　上半身人台

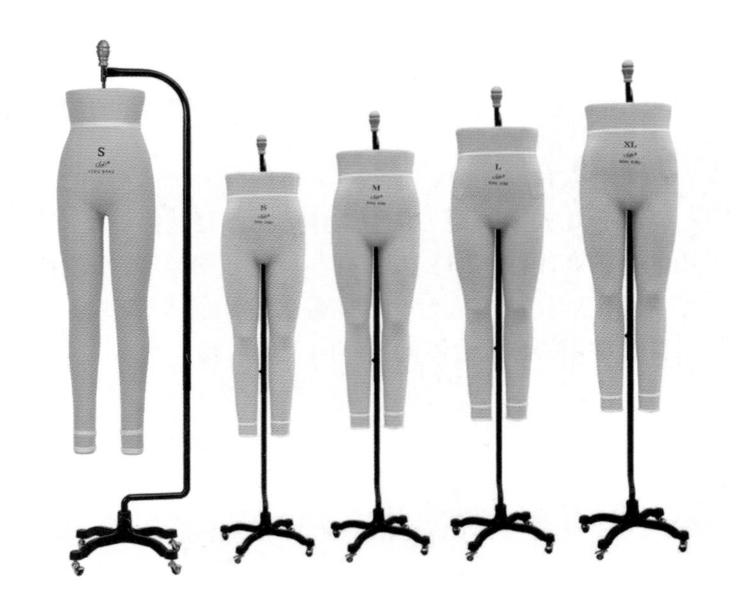

图1-19　下半身人台

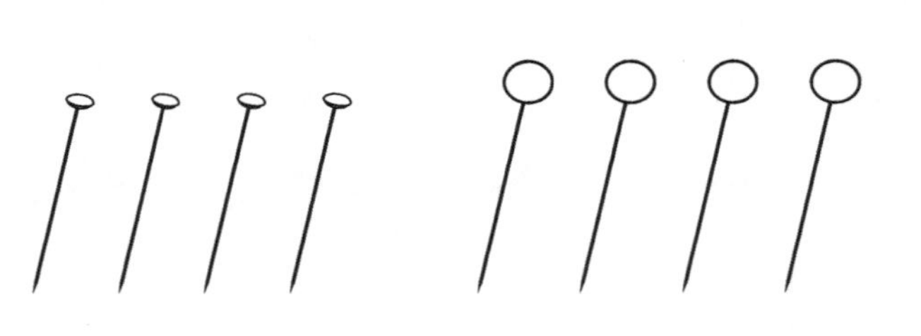

图1-20　大头针、珠针

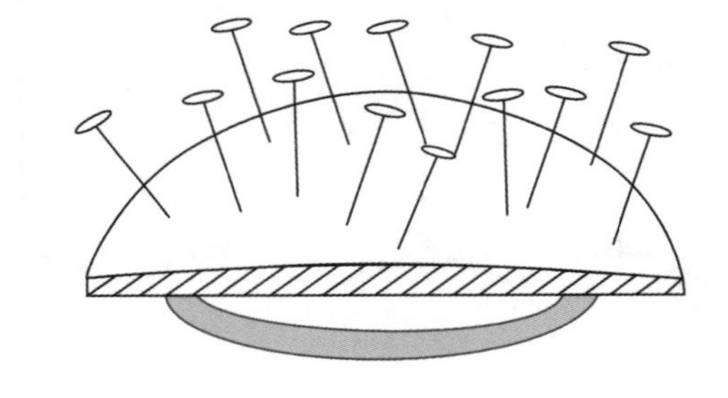

图1-21　针包

（3）标识带：在市面上有两种，一种是纸质（背后有胶）标识带，另一种是布质标识带（织带），用于在人台上设置粘贴常用部位基准线与造型线，一般宽度为0.3cm（图1-22）。

图1-22　标识带

（4）剪刀：在立体裁剪制作过程中，最好准备两把剪刀，一把剪刀专门用于剪布，对立体裁剪的面料进行粗裁与初修，另一把剪刀用于拓板、修板时修剪纸样（图1–23）。

（5）褪色笔和铅笔：褪色笔用于立体裁剪时的描点、定点标记以及造型分割标识标记，分为遇热褪色笔、遇水褪色笔与遇汽褪色笔，可根据实际情况选用；铅笔一般选用HB型号、0.5mm自动铅笔，用于立体裁剪纸样的拓板、修板（图1–24）。

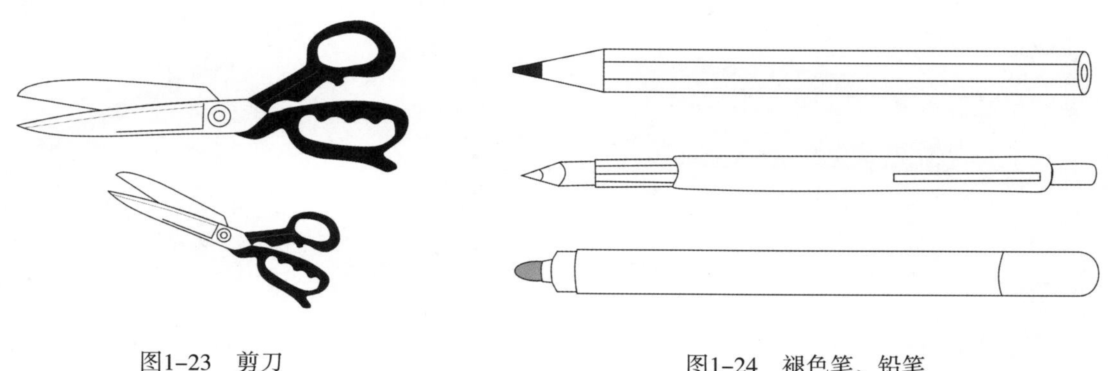

图1–23　剪刀

图1–24　褪色笔、铅笔

（6）放码尺与直长尺：放码尺用于立体裁剪的尺寸度量、辅助修板、样板放缝等；直长尺用于立体裁剪的拓板、修板，以及样板的大尺寸量度与线条连接（图1–25）。

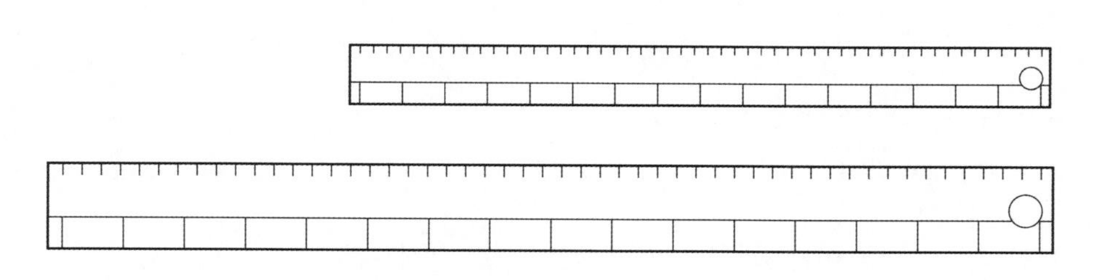

图1–25　放码尺、直长尺

（7）曲线尺：包含六字尺、刀型尺。六字尺用于立体裁剪拓板、修板时描绘袖窿弧线、领口弧线；刀型尺用于立体裁剪拓板、修板时描绘侧缝弧线、其他造型曲线（图1–26）。

（8）描图器：有两种规格型号，一种是尖轮描图器，另一种是齿轮描图器。两种描图器都是用于将立体裁剪的白坯布毛样拷贝转移到纸质样板上（图1–27）。

（9）锥子：用于在布料上刺洞进行标识（图1–28）。

（10）皮卷尺：用于立体裁剪时的尺寸度量（图1–29）。

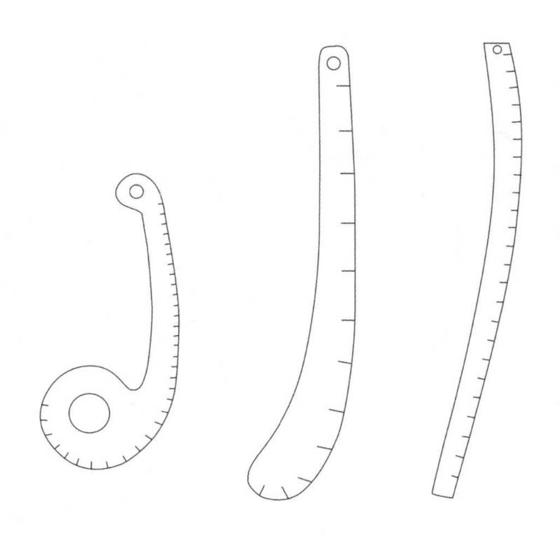

图1–26　六字尺、刀型尺

（11）划粉：用于在布料中的修板、放缝、裁剪等进行标识（图1–30）。

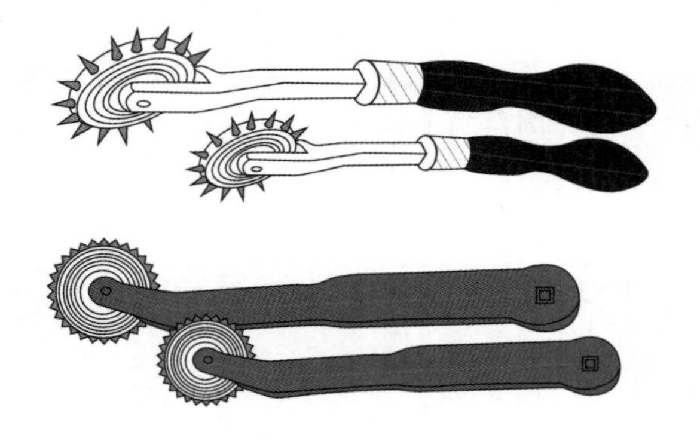

图1–27　描图器

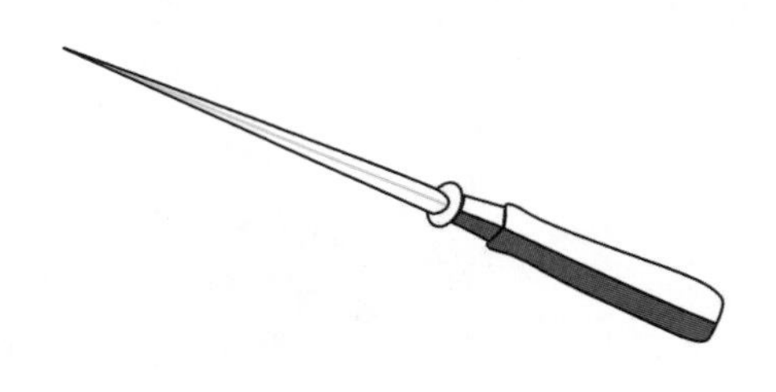

图1–28　锥子

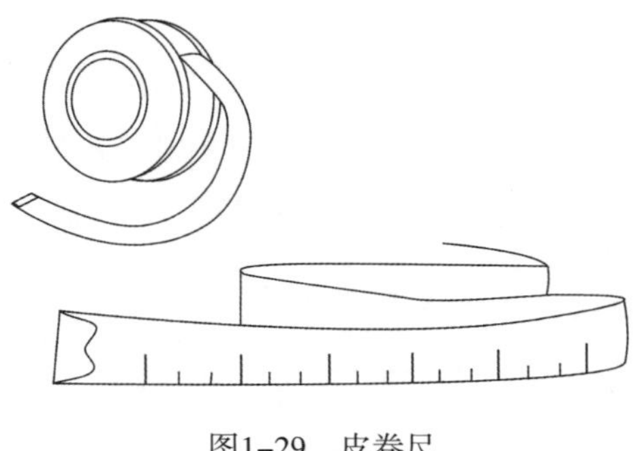

图1–29　皮卷尺

图1–30　划粉

（12）对位剪：用于在样板纸样边缘标记对位点（图1–31）。

（13）拷贝纸、唛架纸：用于立体裁剪拓板、修板与纸样制作（图1–32）。

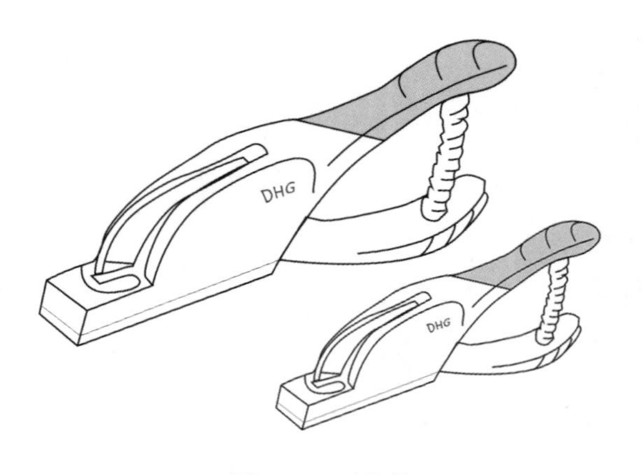

图1–31　对位剪

图1–32　拷贝纸、唛架纸

第三节　立体裁剪所需布料

一、白坯布

立体裁剪一般选用白坯布作为主要布料。白坯布是经过漂白或未经漂白的平纹棉布，可以根据不同设计需要选择不同克重的白坯布（图1–33）。

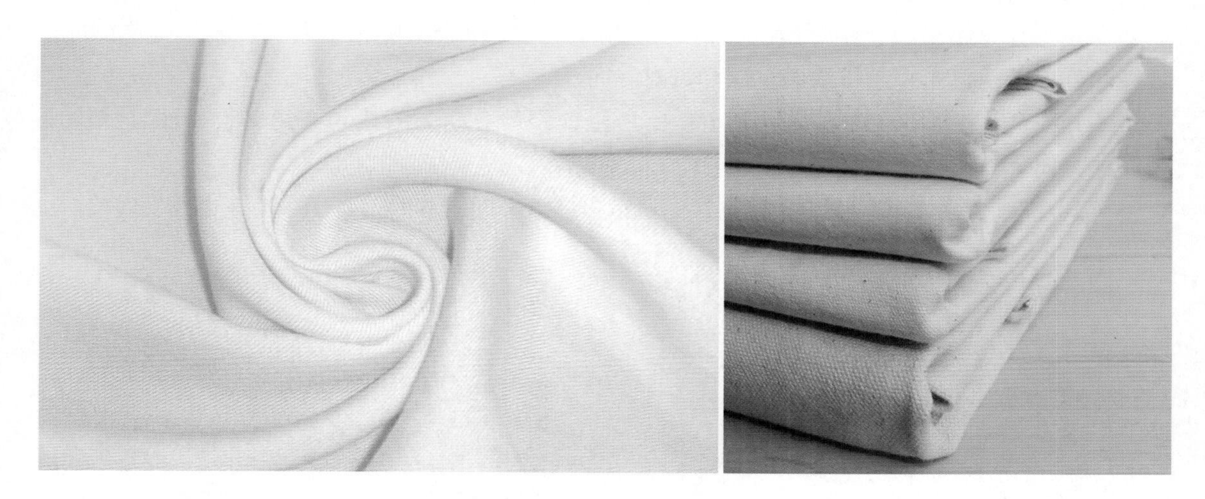

图1–33　白坯布

（一）白坯布的规格型号

市面上白坯布的规格型号繁多，白坯布的经纬纱支不同、经纬密度不同，决定着白坯布不同的质地和手感（表1–2）。立体裁剪一般选用中等厚度的平纹白坯布。在选购白坯布时，除了要注意经纬纱支、经纬密度、幅宽等，还要注意白坯布的单价计量单位是“米/元”，还是“码/元”。

表1–2　白坯布规格型号表

经纬纱线规格		经纬密度		幅宽		质地手感与适用款式
线密度（tex）	英支	根/10cm	根/英寸	cm	英寸	
19.4×19.4	30×30	268×268	68×68	160	63	轻薄型，较适合做细腻褶皱造型
19.4×19.4	30×30	295×295	75×75	170	67	厚薄适中，适用范围广
29×29	20×20	236×236	60×60	127	50	中厚型，适合做疏软褶皱造型
7.3×7.3	80×80	354×339	90×86	163	64	极薄型，适合做层叠蓬松造型
9.7×9.7	60×60	354×346	90×88	170	67	极薄型，适合做层叠蓬膨松造型
14.6×14.6	40×40	524×394	133×100	170	67	极密实，适合做轮廓线硬朗造型
9.7×14.6	60×40	681×465	173×118	305	120	极密实，适合做轮廓线硬朗造型

续表

经纬纱线规格		经纬密度		幅宽		质地手感与适用款式
线密度（tex）	英支	根/10cm	根/英寸	cm	英寸	
29 × 58	20 × 10	165 × 165	42 × 42	107	42	粗松型，适合做轮廓线柔和造型
19.4 × 14.6	30 × 40	394 × 236	100 × 60	97	38	细密型，适合做细腻褶皱造型

（二）白坯布的纱向

布纹纱向是指机织物中纱线的方向。织物的方向会影响织物的外观、手感以及成衣的悬垂性和外形。白坯布也是机织布，同样具有纱向。

（1）经纱方向（直纱向）：如图1-34所示，经纱方向的纱线与布边平行，而且加捻比横丝缕方向紧密，也称直丝缕。

（2）纬纱方向（横纱向）：如图1-35所示，纬纱方向的纱线垂直于布边，也称横丝缕。

图1-34　经纱方向

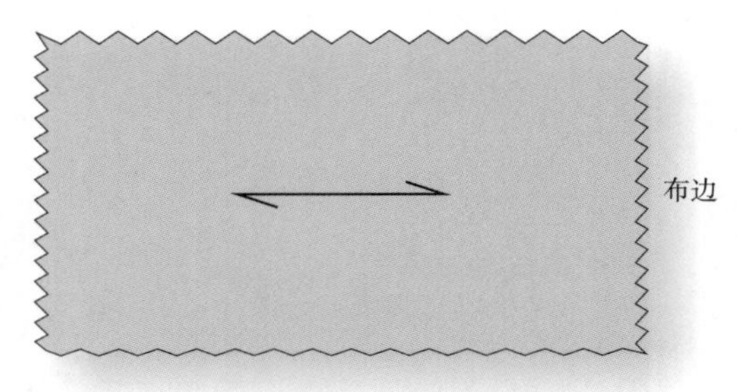

图1-35　纬纱方向

（3）斜纱方向（斜纱向）：如图1-36所示，与布边呈45° 角方向的纱线，即斜丝缕。

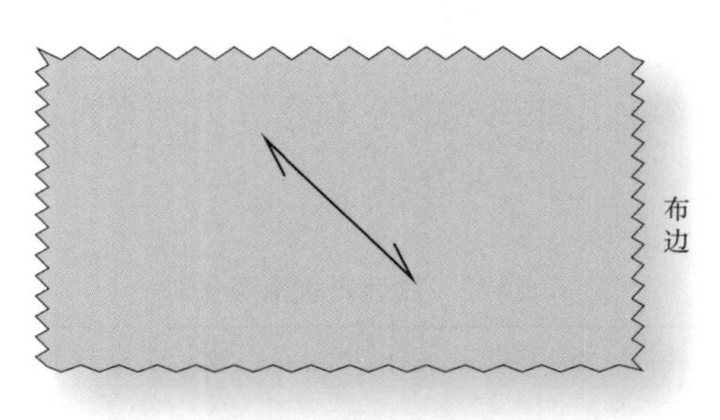

图1-36　斜纱方向

（4）正斜纱：如图1-37所示，与经纱和纬纱均呈45° 夹角，正斜向方向有最大的弹性，起波浪和悬垂性以正斜向方向最佳。

（三）布料不同纱向的设计效果

面料纱向将影响服装的外观、悬垂性和适体性。如图1-38所示，分别是直纱向、横纱向、斜纱向的裁床排料图。

如图1-39所示，是直纱向的着装效果。直丝缕较为笔挺和稳定，可以撑起服装的造型轮廓。

如图1-40所示，是横纱向的着装效果。横丝缕和直丝缕是垂直关系，整体服装的廓型没

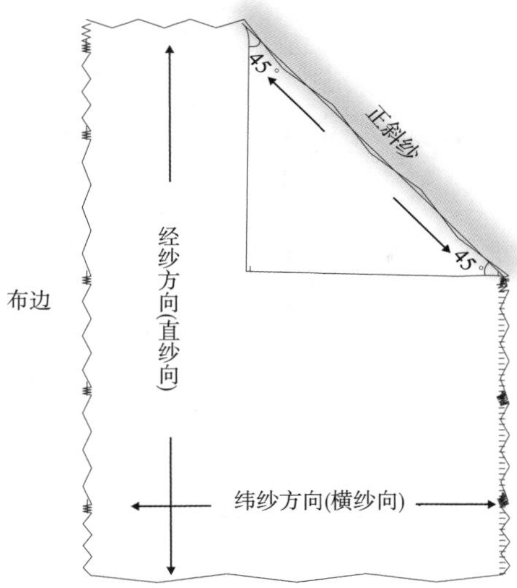

图1–37 正斜纱

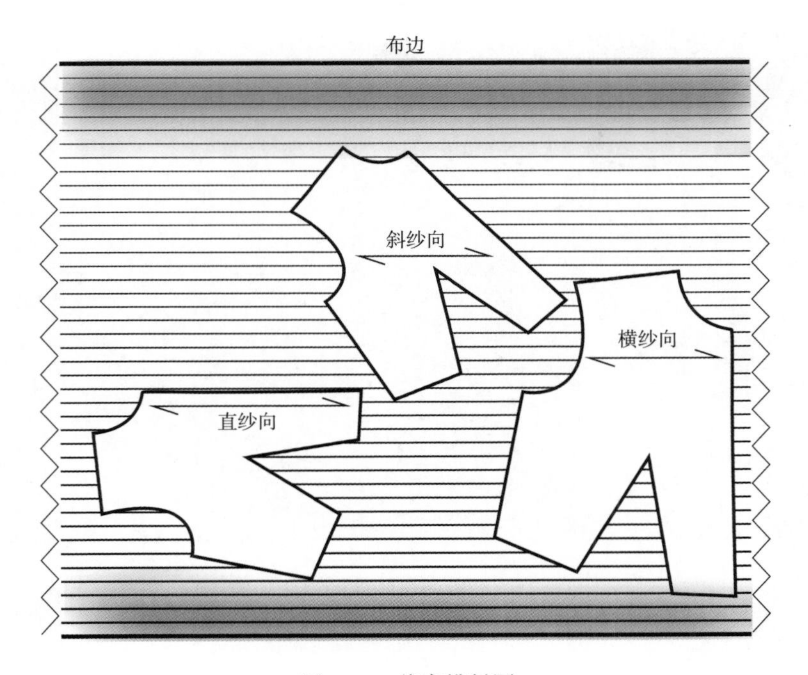

图1–38 裁床排料图

有直丝缕笔挺。

如图1–41所示，是斜纱向的着装效果。斜丝缕与直丝缕、横丝缕呈45° 角，导致织物在裁剪时尺寸不稳定。斜丝缕是紧身款式设计的理想选择。

二、针织面料

立体裁剪也可选用针织面料进行操作，但一般选用悬垂性较好、弹性较大的针织面料完成立体造型，如图1–42所示。

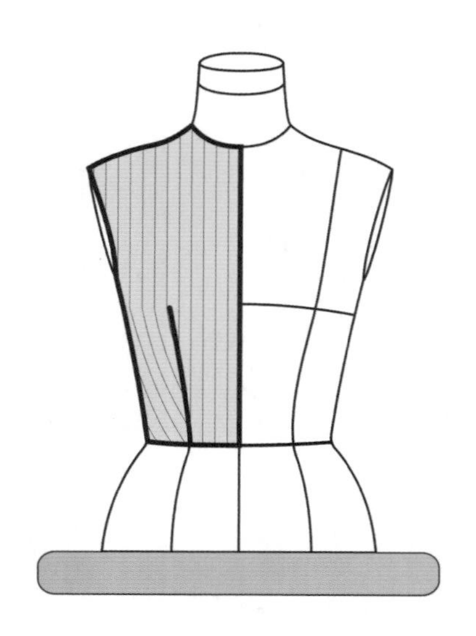

图1-39　直纱向着装效果

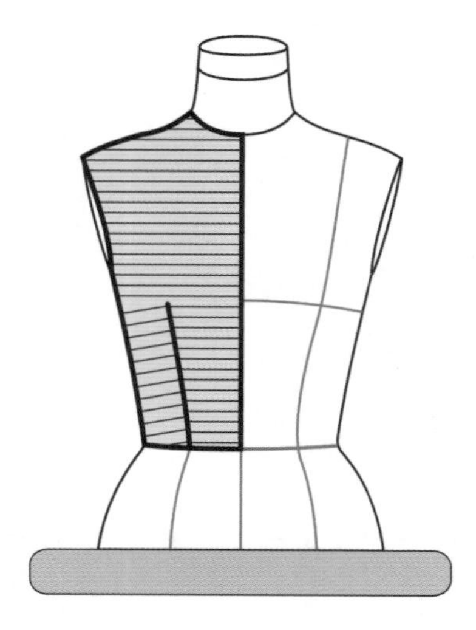

图1-40　横纱向着装效果

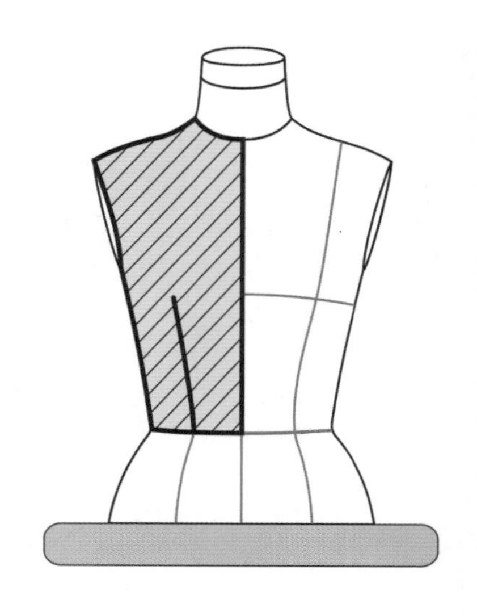

图1-41　斜纱向着装效果

图1-42　针织面料制作的立体裁剪

思考与练习

1. 完成“立体裁剪的起源与发展”的文献调研。
2. 立体裁剪与平面裁剪的优劣对比。
3. 立体裁剪的特征是什么？
4. 结合教学课程，制订立体裁剪的学习计划表。
5. 立体裁剪的常用工具与材料有哪些？
6. 购买白坯布时，应注意哪些因素？
7. 布料的纱向有哪些辨别方法？

第二章 立体裁剪的技术准备

第一节　人台的技术准备

一、人台部位术语

人台上各部位参考线的位置与人体相对应。了解这些部位参考线的名称并能在测量时识别它们非常重要。这些部位参考线涉及人台的正面和背面，如图2-1～图2-3所示。

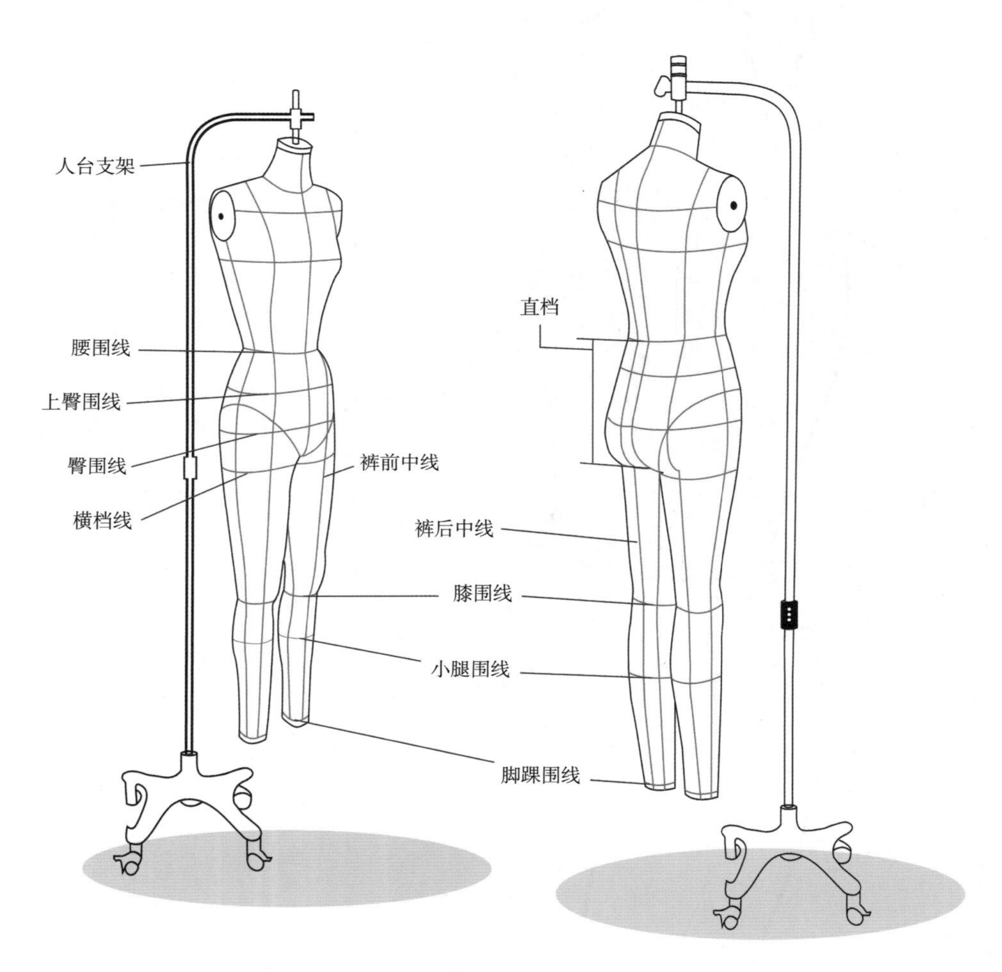

图2-1　人台部位术语一

二、人台基准线

基准线是为了在进行立体裁剪时，表现人台上重要的部位或结构线、造型线等，是立体裁剪过程中造型准确的保证，也是操作过程中布片纱向的标准，同时又是板型展开的基准线。除了基本的基准线，有时根据不同的设计和款式要求，标识特殊的结构线和造型线作为

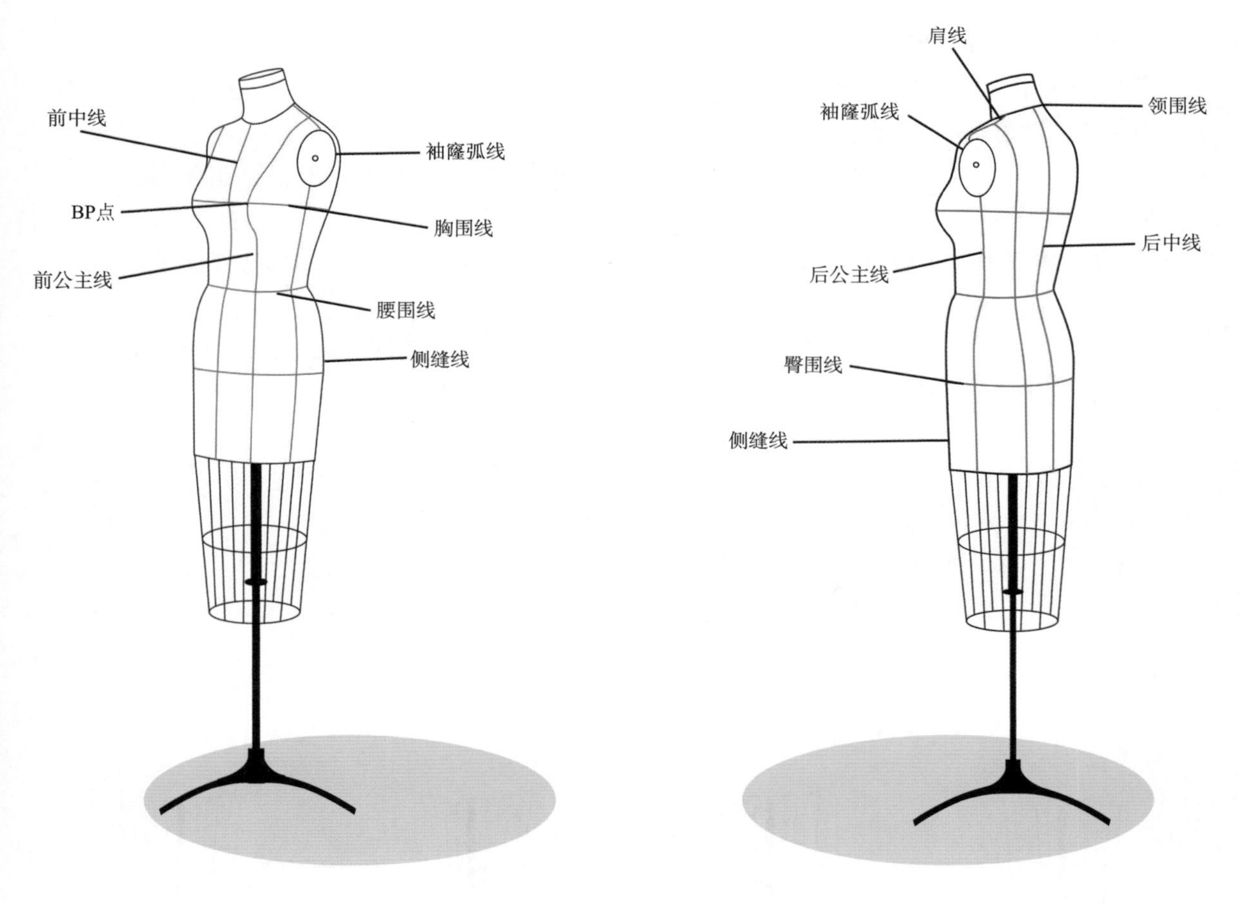

图2-2　人台部位术语二

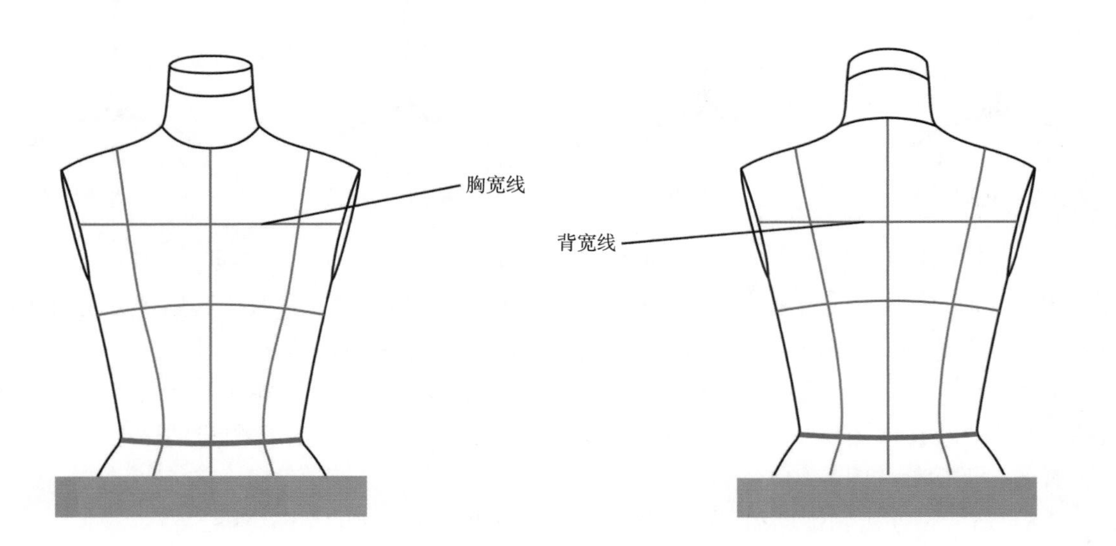

图2-3　人台部位术语三

基准线。

在人台上贴基准线的步骤如下：

（1）胸围线：从人台侧面目测，找到胸部最高点（BP点），按此点据地面高度水平围绕人台一周贴出胸围线（图2-4）。

（2）腰围线：在后腰中心点位置沿水平高度围绕人台腰部一周，贴出腰围线（图2-5）。

（3）臀围线：由腰围线上前中心点向下18～20cm，在此位置水平围绕人台臀部一周贴出臀围线（图2-6）。

（4）领围线：从侧颈点开始，沿颈部倾斜和曲度走势，经过后颈点、前颈点，圆顺贴出一周领围线，注意后颈点左右各有约2.5cm为水平线（图2-7）。

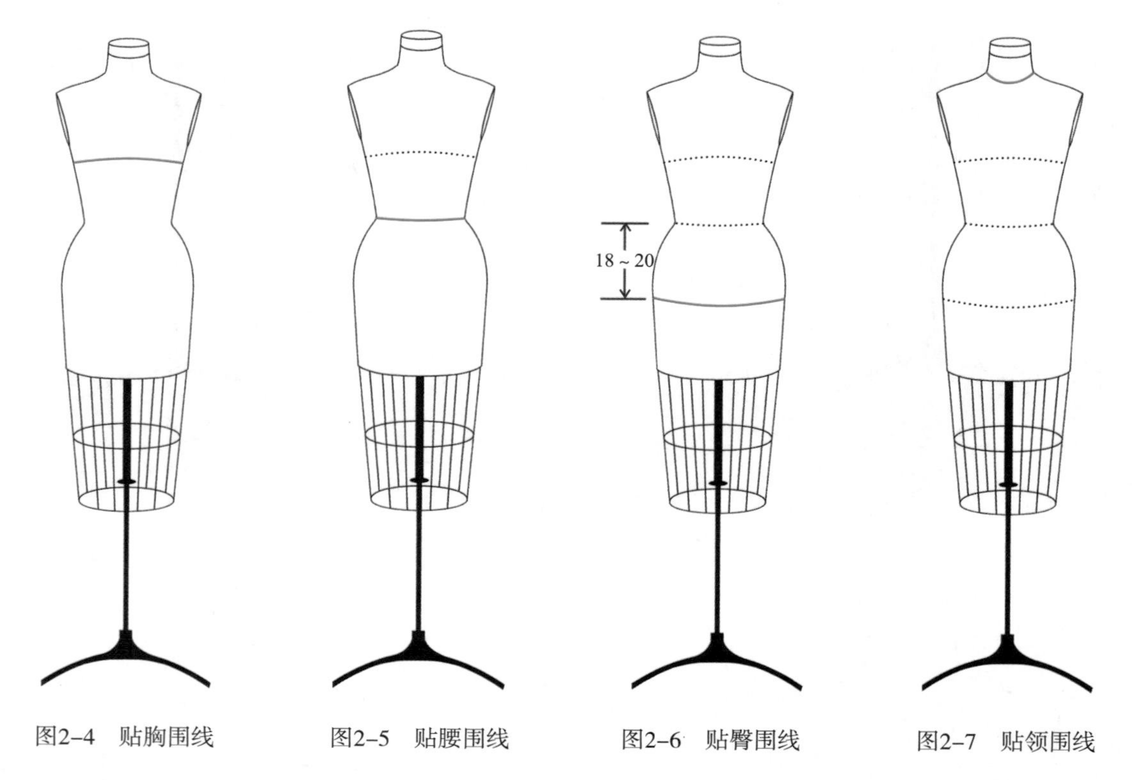

图2-4　贴胸围线　　图2-5　贴腰围线　　图2-6　贴臀围线　　图2-7　贴领围线

（5）前中线：在前颈点向下坠一重物以确保垂直于地面，贴出前中线（图2-8）。

（6）前公主线：前公主线的粘贴是把标识带由小肩宽的1/2处开始（起始部分垂直于肩缝线），经过胸高点（BP点），顺势粘贴至人台前腰节、臀部、下摆处（图2-9）。

（7）后公主线：后公主线的粘贴是把标识带由小肩宽的1/2处开始（起始部分垂直于肩缝线，俯视可见前后公主线在肩缝处连贯），经肩胛骨的突出部分，顺势粘贴至人台后腰节、臀部、下摆处（图2-10）。

（8）肩线：连接侧颈点和肩端点形成肩线，完成左右肩线的粘贴（图2-11）。

（9）侧缝线：确认人台前后中心线两侧的围度相等，在人台左右两个侧面，分别用标识带粘贴左侧缝线、右侧缝线（图2-12）。也可以根据视觉美观需求适当调整侧缝线的

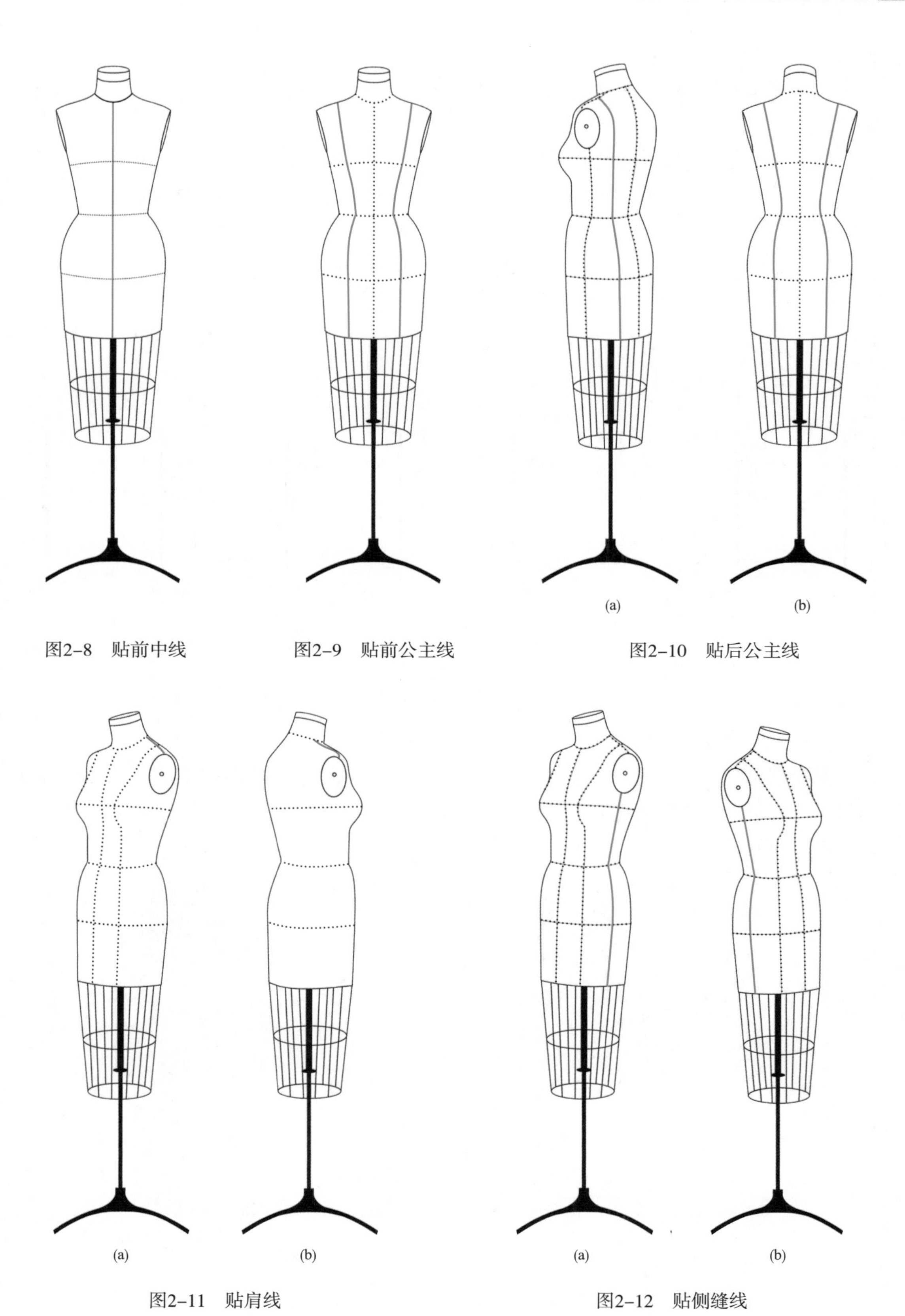

图2-8　贴前中线

图2-9　贴前公主线

图2-10　贴后公主线

图2-11　贴肩线

图2-12　贴侧缝线

位置。

（10）后中线：将人台放置于水平地面，摆正，在人台后颈点处下坠一重物，贴出后中线。

（11）完成人台的基准线粘贴，如图2-13所示。

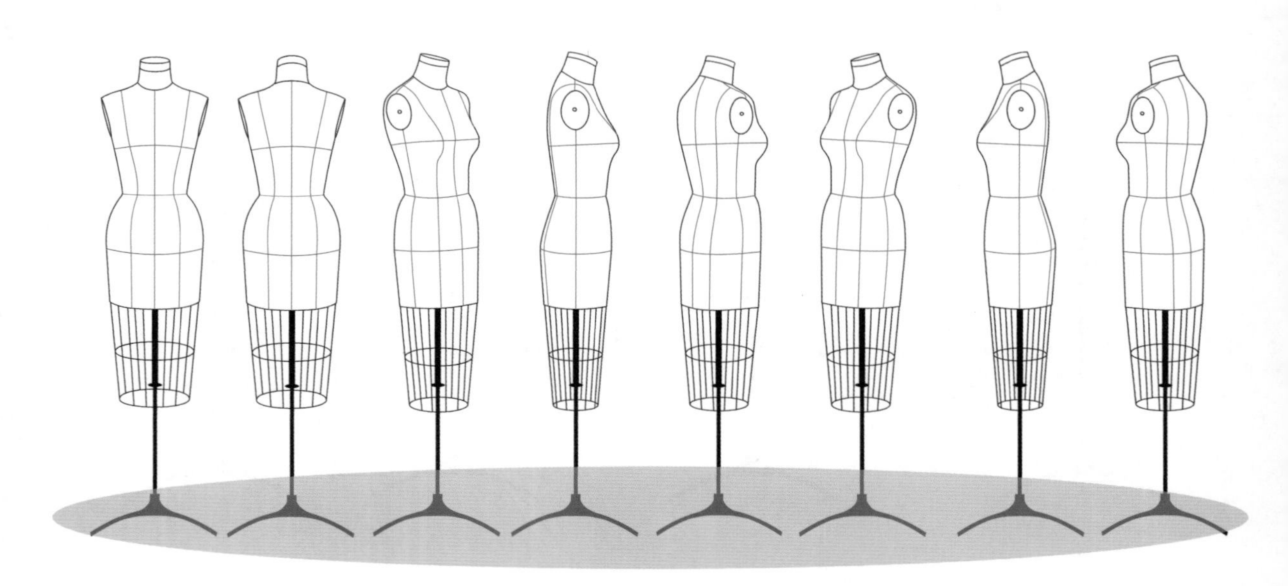

图2-13 完成图

三、人台修正

人台模型是理想化的形状，具有人体共性特征，但缺乏人体所具有的个性差异。如图2-14所示，真实人体与标准化人台是存在差异的，在实际运用时，要根据实际人体形态对人台做必要的修正。

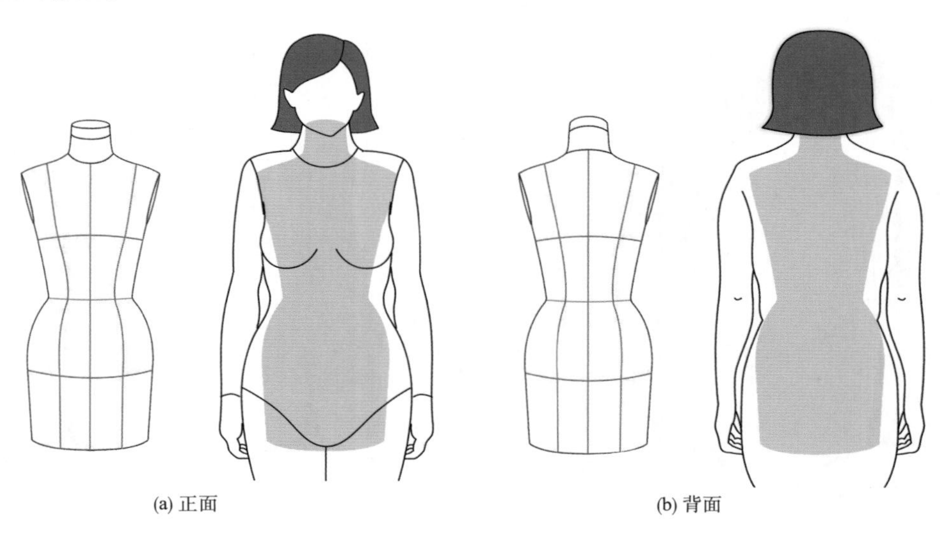

(a) 正面　　(b) 背面

图2-14 真实人体与人台的差异对比

修正方法一般采用添加的方式，可有针对性地选用棉絮、斜纹布料、罩杯材料、垫肩等，或填充、或缠绕、或铺垫，塑成所需要的形状，然后再用无纺黏合衬覆盖其上，进行固定。

（一）胸部修正

根据人体真实胸部形状与人台胸部的差异，进行胸部修正。如图2-15所示，用棉絮填充，增大罩杯，粘贴覆盖无纺衬，必要时可加罩杯。

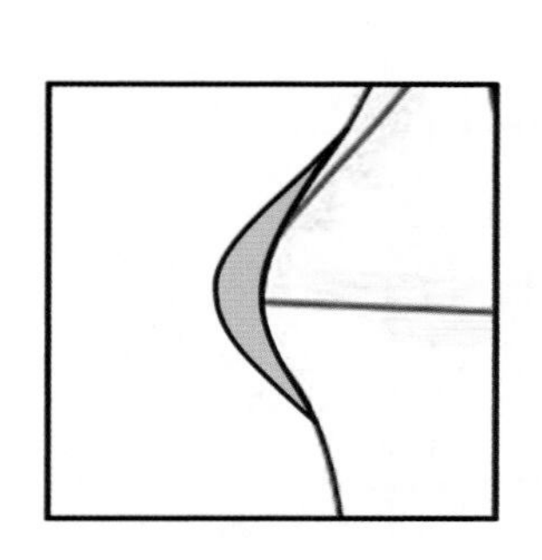
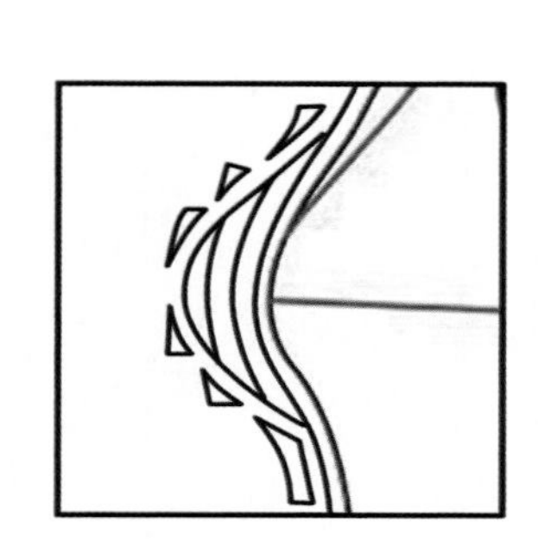
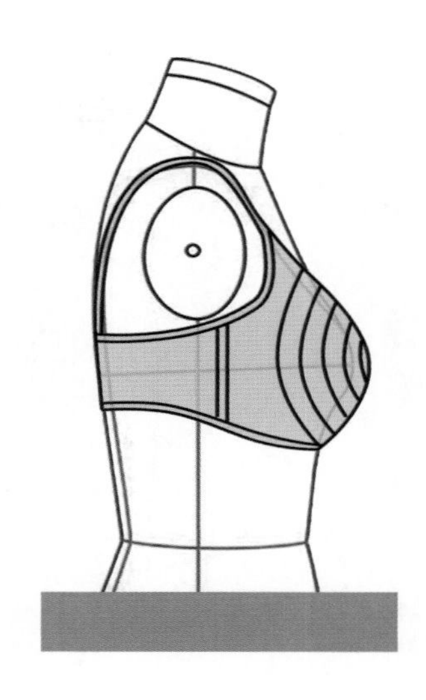

图2-15　胸部修正

（二）肩部修正

肩部的修正方法有两种，一种是通过垫肩把人台的肩线延长改变肩宽，另一种是通过用垫肩（或垫棉）垫高肩的一端改变肩斜程度，将肩部修正为目标状态。垫肩的形状、厚度可根据实际情况来选用，如图2-16所示。

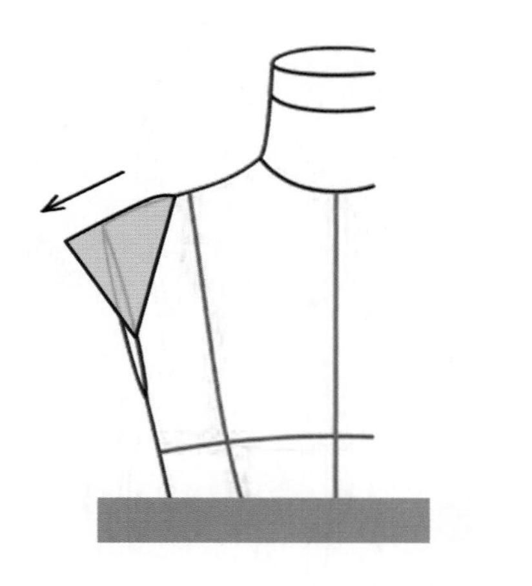
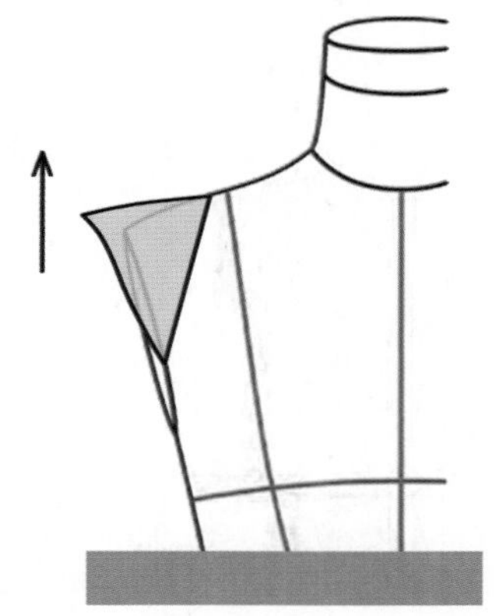

图2-16　肩部修正

（三）腰臀部修正

由于我们采用的是裸体人台，在制作一些宽松款式服装时，为减少人台的起伏量，需在腰部加垫，使腰围尺寸变大。通常可使用斜丝布（或无纺衬）在腰部缠绕到一定的厚度，然后加以固定即可。进行臀部尺寸修正时，不要只考虑臀部的特点，要结合腰部形状进行塑形。为了美观起见，臀凸部位应比实际臀位略高一些（图2–17）。

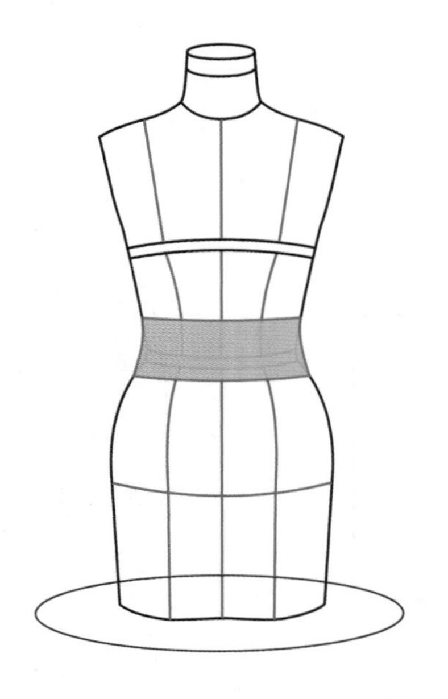
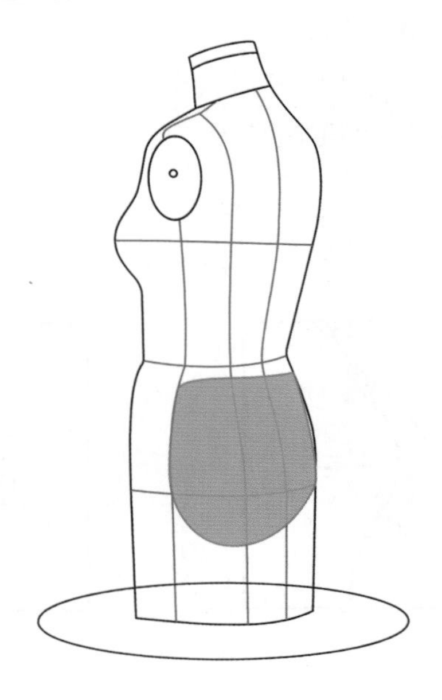

图2–17 腰臀部修正

（四）人台综合修正

人台综合修正（构建体积）实质就是根据人体与人台的体积差异，利用辅料构建体积，塑成目标体型。人台综合修正是一个系统工程，须先测量人体各部位数据，再选用无纺衬或其他合适材料，在人台各关键控制部位进行层层叠垫，完成人台的综合修正，塑成所需体型，如图2–18所示。

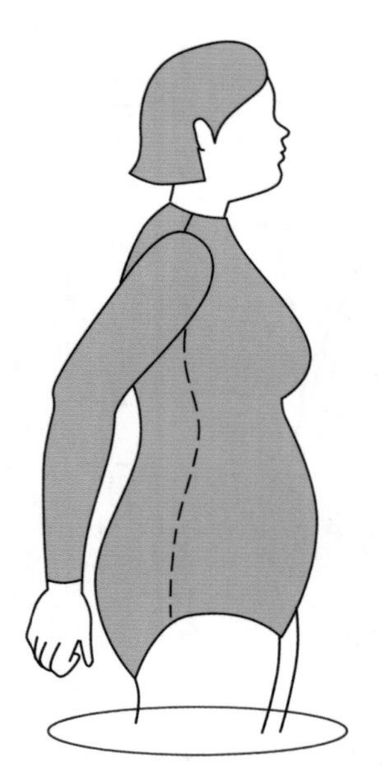
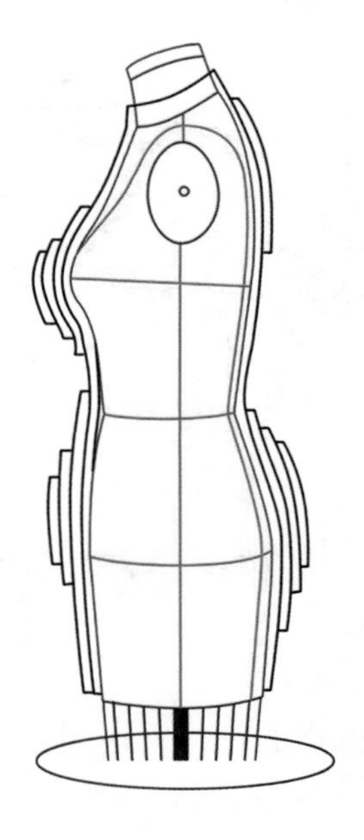

图2–18 人台综合修正

第二节　白坯布纱向调整

立体裁剪使用的白坯布，经常会存在布边紧、丝缕不正等问题，如果直接用于服装立体裁剪，可能会影响成衣的造型效果，甚至在人体表面产生扭转、压迫感等弊病。因此，在进行立体裁剪前应对白坯布进行布纹纱向整理。

一、白坯布布边卷边与纬斜

白坯布横丝缕经常会产生卷边和纬斜，说明横、竖丝缕之间的夹角并不一定是直角，这会在后整理工序中出现，或者是后期人为拉扯造成的。

要确定织物的横丝缕是否存在卷边或倾斜，可以将织物沿直丝缕方向撕开，若横丝缕产生弯曲，或者和布边产生夹角，说明横丝缕存在卷边或倾斜，或两者均有。图2-19、图2-20分别为白坯布布边出现卷边现象和白坯布布边出现纬斜现象。

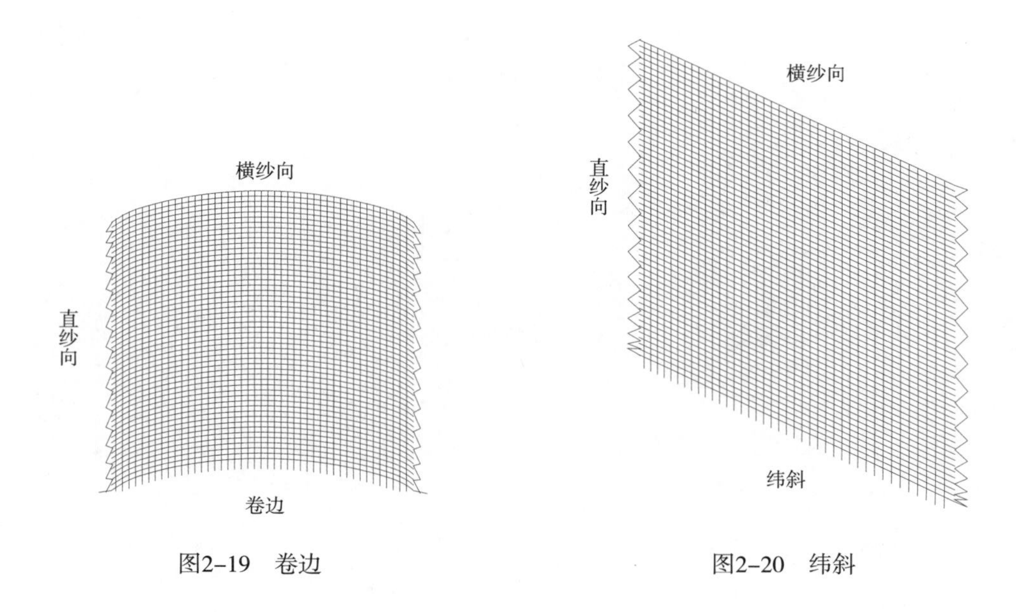

图2-19　卷边　　图2-20　纬斜

二、调整布纹纱向的方法

如果白坯布出现卷边或纬斜现象，调整步骤如下：

（1）先将白坯布布边撕掉，再撕成合适的布片大小。

（2）用大头针在一侧布边处挑出一根纬纱，先将这根纬纱抽出，再将一根红色的纱线缝在被抽出的纬纱原来所在的位置（图2-21）。

（3）调整与熨烫：将白坯布放在烫台上，左手适当用力向丝缕扭曲的反方向拉扯白坯布，右手持熨斗反复熨烫，直到白坯布经纬纱向顺直为止（图2-22）。

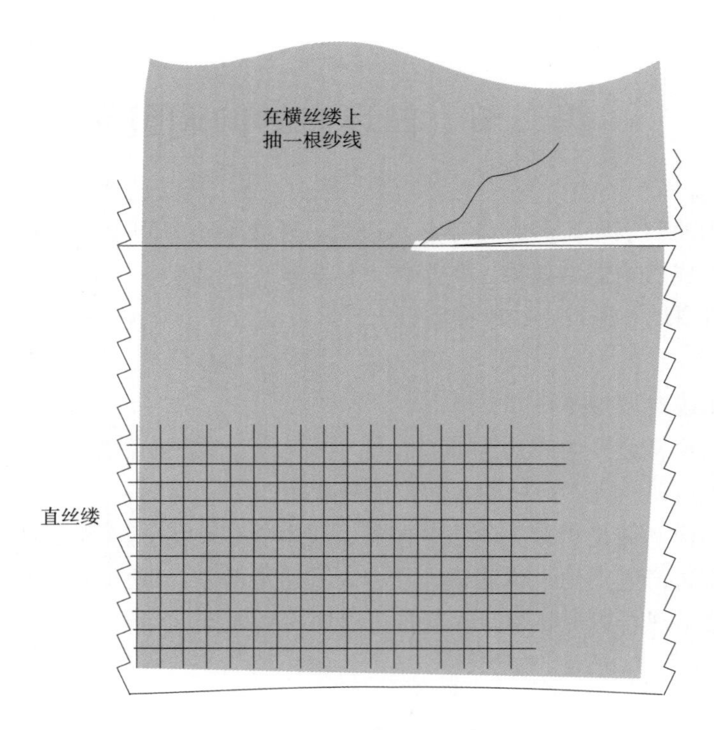

图2-21　调整布纹纱向

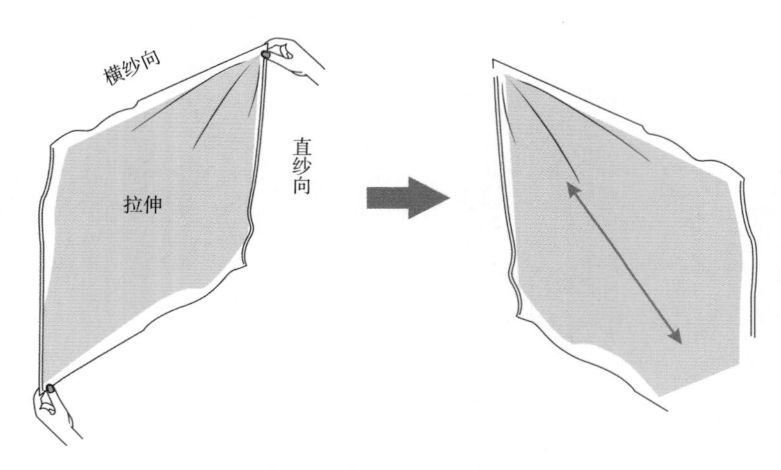

图2-22　拉扯调整丝缕方向

第三节　立体裁剪的取布方法

立体裁剪的取布方法有两种：一是定量取布法，二是人台取布法。前者基于经验，而后者更适合初学者，但也是立体裁剪时惯用的取布方法。本节重点讲授人台取布法。

一、对称造型款式的取布方法

如图2–23所示，此款式为左右对称款式。本着节省布料、提高效率的原则，在立体裁剪过程中，对于左右对称的款式通常只取半侧进行立体裁剪操作，然后通过拷贝的方法，将另一侧纸样拷贝出来（图2–24）。

图2–23　左右对称款式

（一）纵向长度

纵向长度为服装款式的纵向最长距离+损耗量。如图2–25所示，本款式纵向最长距离为侧颈点至腰围线的人体曲面长度。具体取布操作：从侧颈点经BP点，至腰围线定为纵向净样长度（Y），上下两端各预留5cm，作为立体裁剪操作损耗量，即纵向长度=前腰节长（Y）+10cm。

（二）横向宽度

横向宽度为服装的横向最长距离+损耗量。如图2-26所示，本款式横向最长距离为前中线至侧缝线的人体曲面长度。具体取布操作：从前中线沿胸围线至侧缝线定为横向净样宽度（X），左右两端各预留5cm，作为立体裁剪操作损耗量，即横向宽度=1/2前胸围（X）+10cm。如图2-27所示，在布片上用褪色笔画出前中心线、胸围线等基准线。

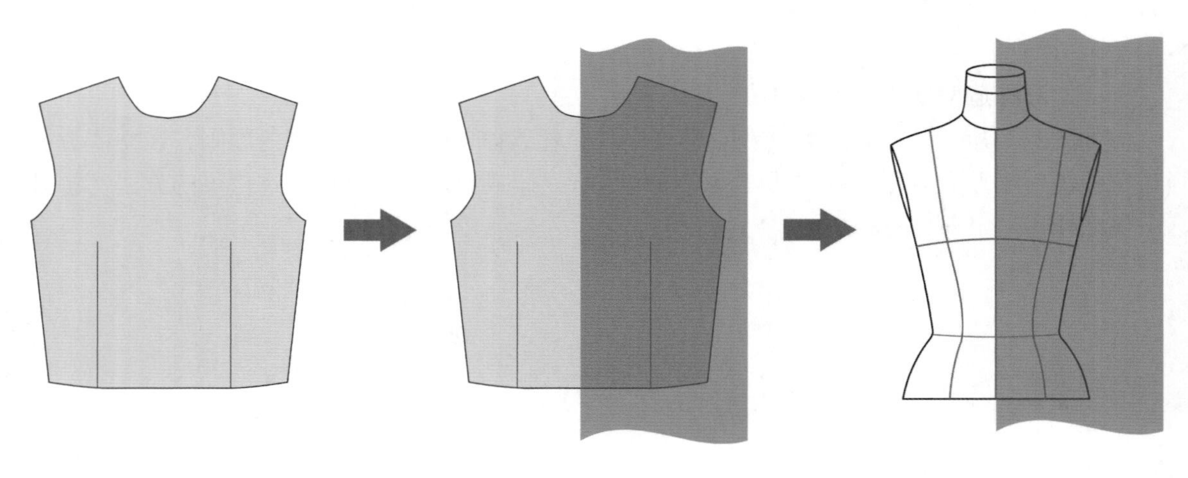

图2-24　对称款式半边取布

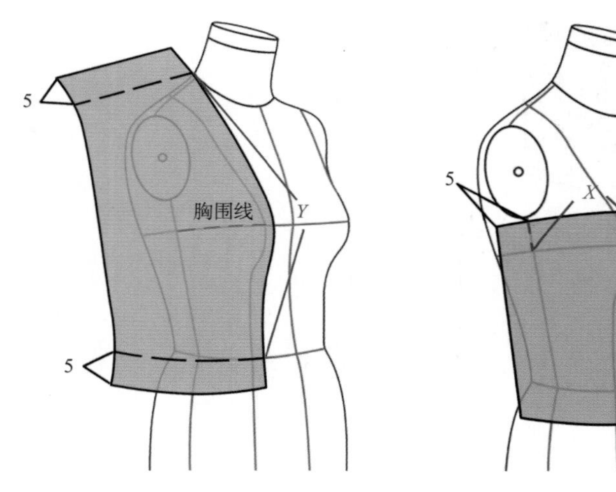

图2-25　对称款式纵向取布

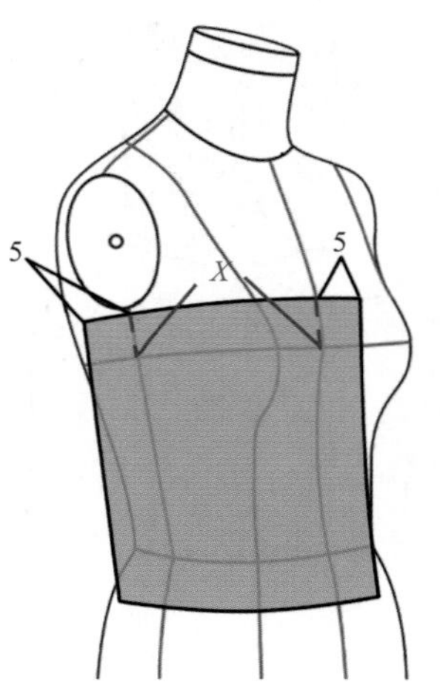

图2-26　对称款式横向取布

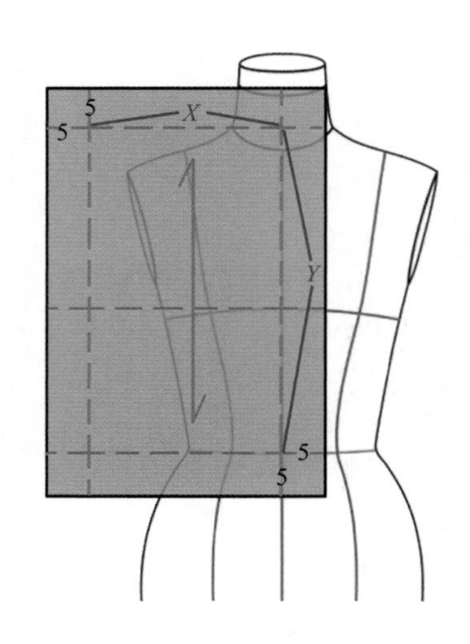

图2-27　画基准线

二、不对称造型款式的取布方法

如图2-28所示，此款式为前片左右不对称款式，在立体裁剪过程中，需要将前片左右全覆盖，故取布要前片整体取布（图2-29）。

（一）纵向长度

纵向长度为服装的纵向最长距离+损耗量。如图2-30所示，本款式纵向最长距离为侧

图2-28　不对称款式

图2-29　不对称款式整体取布

颈点至腰围线的人体曲面长度。具体取布操作：从侧颈点经BP点，至腰围线定为纵向净样长度（Y），上下两端各预留5cm，作为立体裁剪操作损耗量，即纵向长度=前腰节长（Y）+10cm。

（二）横向宽度

横向宽度为服装的横向最长距离+损耗量。如图2-31所示，本款式横向最长距离为左侧缝线至右侧缝线的人体曲面长度。具体取布操作：从左侧缝线沿胸围线至右侧缝线定为横向净样宽度（X），左右两端各预留5cm，作为立体裁剪操作损耗量，即横向宽度=前胸围（X）+10cm。如图2-32所示，在布片上用褪色笔画出前中心线、胸围线等基准线。

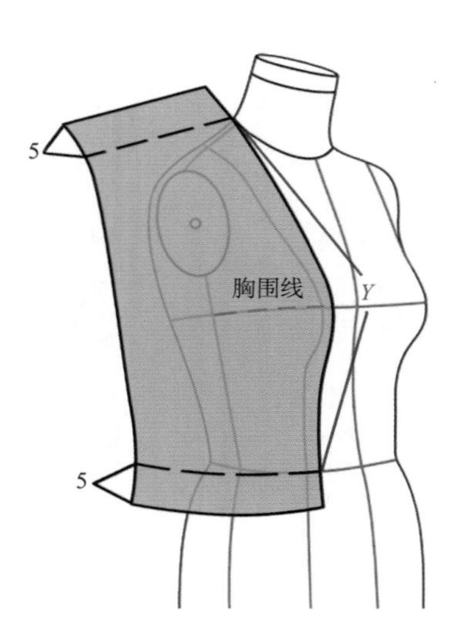

图2-30　不对称款式纵向取布

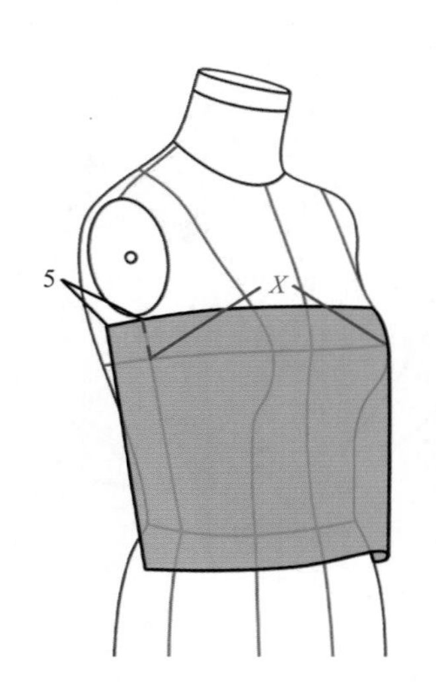

图2-31　不对称款式横向取布

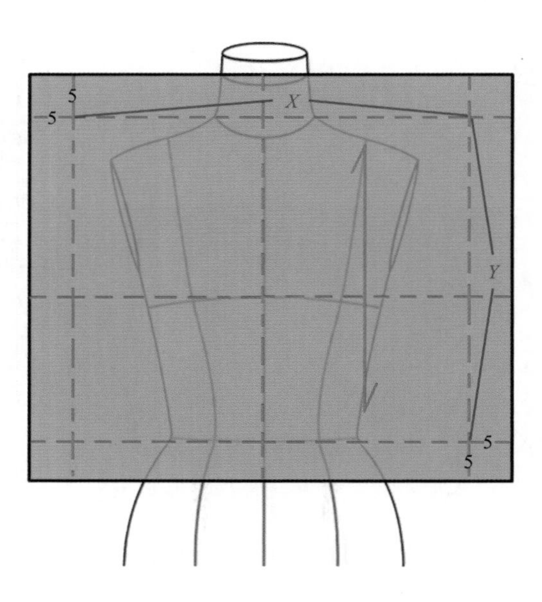

图2-32　画基准线

第四节　针的别合固定

一、交叉固定法

交叉固定法是立体裁剪的常用针法。如图2-33所示，将两根针分别从不同方向插入人台将衣片固定，此种固定较为牢固，一般用于重要部位的固定，如BP点、前中线、后中线等。

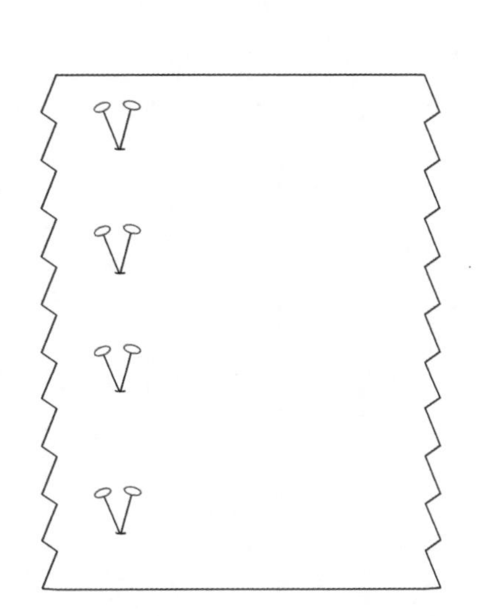

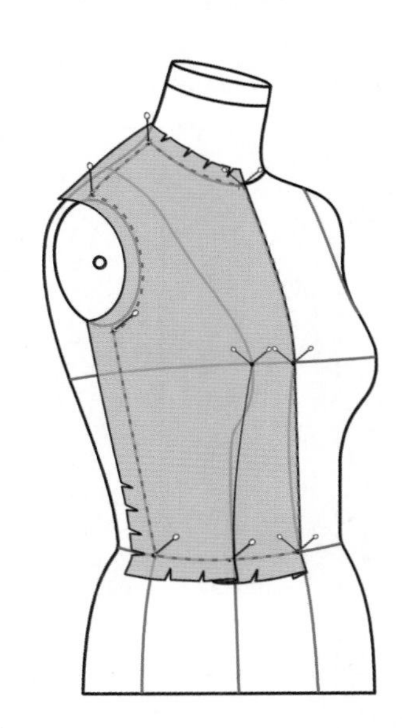

图2-33　交叉固定法

二、折边别合法

将造型线一侧衣片折叠后，压在另一侧衣片上用大头针别合，该针法使折边形成的分割线露于表面，可以很容易地判断该线条是否准确和美观，也方便调整。使用这种针法别全后，可直接试穿，折边线即为最终缝合线位置，是最常用的一种方法。根据大头针与缝份形成的角度不同，又分为横插别合针法、直插别合针法与斜插别合针法（图2-34~图2-36）。

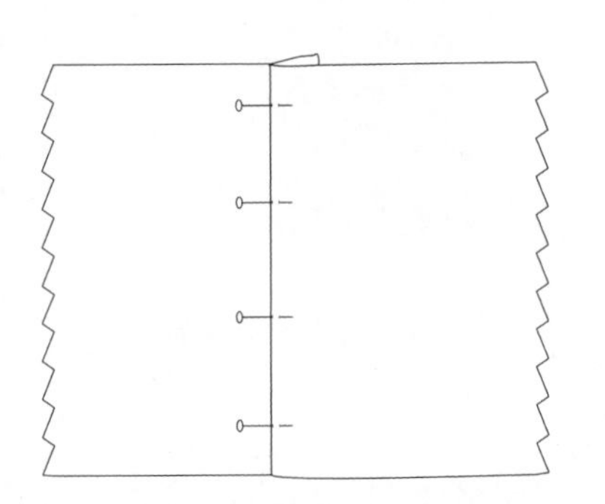

图2-34　横插别合针法

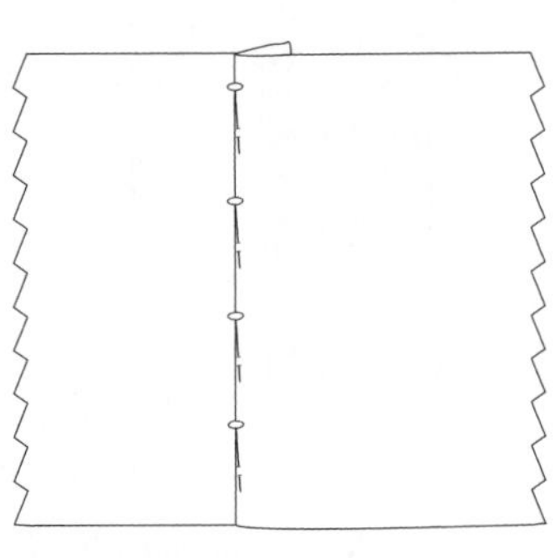

图2-35　直插别合针法

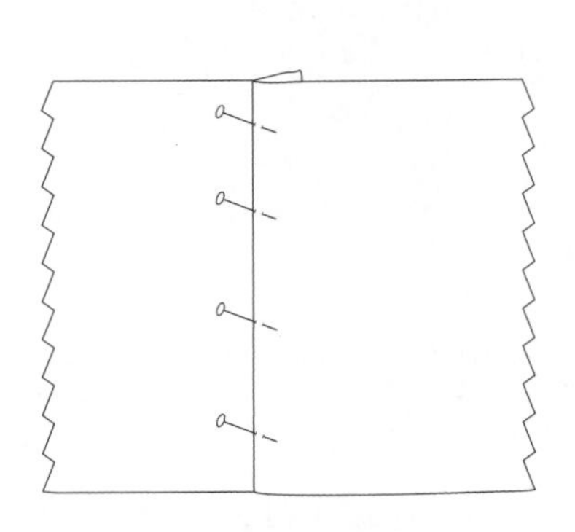

图2-36　斜插别合针法

三、掐别法

掐别法多用于临时固定，操作时将两层布用手指指尖掐起，留出需要松量后用大头针掐别固定，大头针的位置即为最终缝合线位置，可用在肩缝、省的临时固定（图2-37）。

四、搭别法

如图2-38所示，将两片布重叠在一起，在重叠部位用大头针将两层布一起穿透并固定。该针法连接平服，最终缝合线位置可确定在两层布搭接的任何位置。例如，领下口与衣片领口的固定常用此针法。

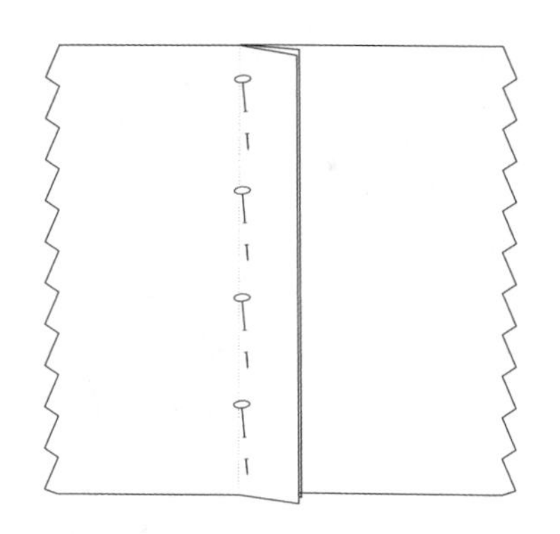

图2-37　掐别法

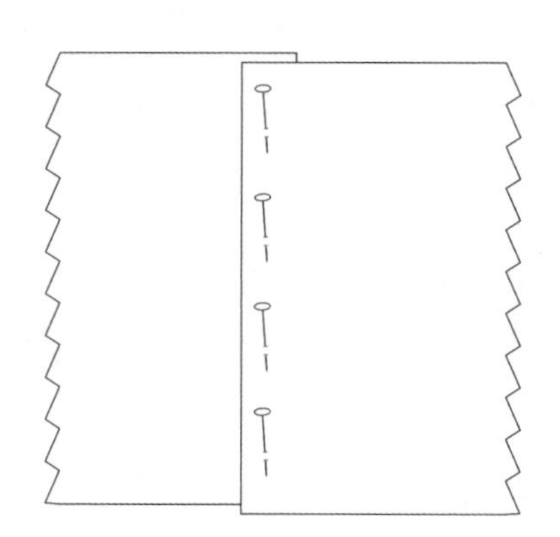

图2-38　搭别法

五、挑别法

进行挑别法操作时，从一片布的一边入针、再出针，然后针尖挑透另一片布，穿出后再刺入始入针的折边上，类似于手针缝的串缝针法。需要根据折边造型，调整连续出入针数，一般可有三到四次，弧度较大的部位不宜超过三次。该针法适用于不等量连接，可随时调整松量，常用于绱袖。出入针处即为最终缝合线位置（图2-39～图2-41）。

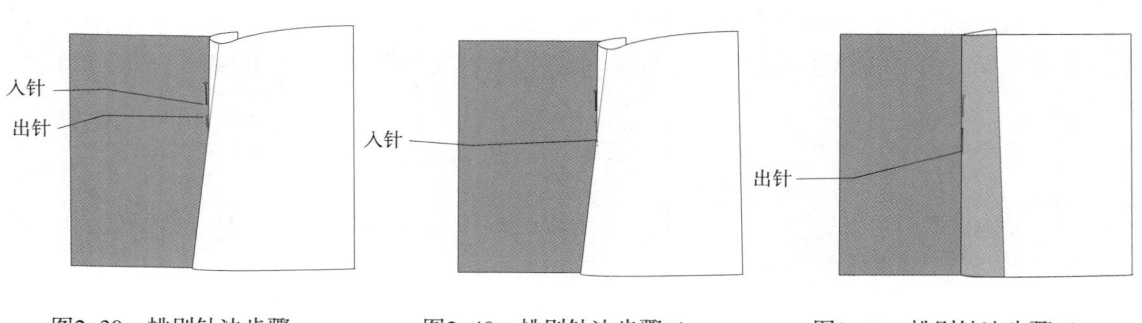

图2-39　挑别针法步骤一　　图2-40　挑别针法步骤二　　图2-41　挑别针法步骤三

实际操作时，应根据连接部位要求，适当选择别针方法，使用最多的是折边别合法。一般情况下，折别的起始针与结束针应该在净线边缘处，且与轮廓线平行；中间针与针之间要求方向一致，间距均匀。当别合区域较大时，需要先别合中间对位点，分别向两端捋顺后横别轮廓线起点与终点，确认各区域对应线等长、轮廓线顺直后，再等间距平行别合。

特别强调，以上四种针法都作为布料连接针法，所以不能别在人台上。一般为安全起见，无论哪种别法，针尖都应该尽量朝下。

省的别合略有不同，省尖处应该直别，针尖连续出入两次后指向省尖，如图2–42所示，注意出针、入针的顺序与形态。

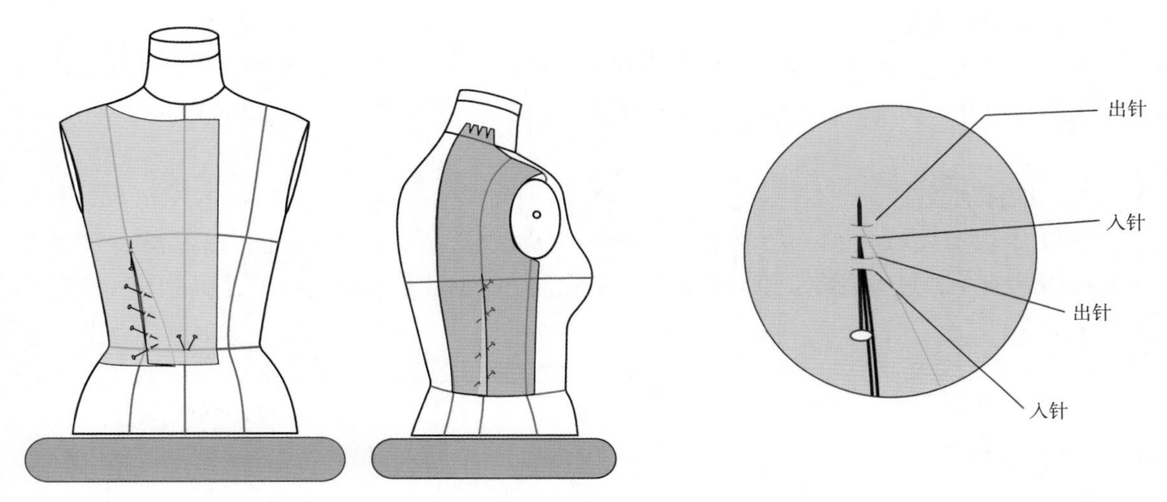

图2–42　省的别合法

第五节　立体裁剪松量的处置

用白坯布在人台上进行立体裁剪时，要充分考虑服装的穿着松量。关于服装松量的处置法主要有立裁预置法和纸样加放法两种。

一、立裁预置法

在人台上进行立体裁剪时，需要在胸宽处预先置入一定的松量，并用大头针临时固定，待成型后再放开。同理，亦可在其他需要放置松量的部位预置松量，如图2–43所示。

二、纸样加放法

在立体裁剪完成之后，直接在纸样侧缝处加放松量，一般而言，加放量不宜过大（1～2cm为宜），过大会造成原有服装造型不稳定，且前片加放量应小于后片（图2–44）。

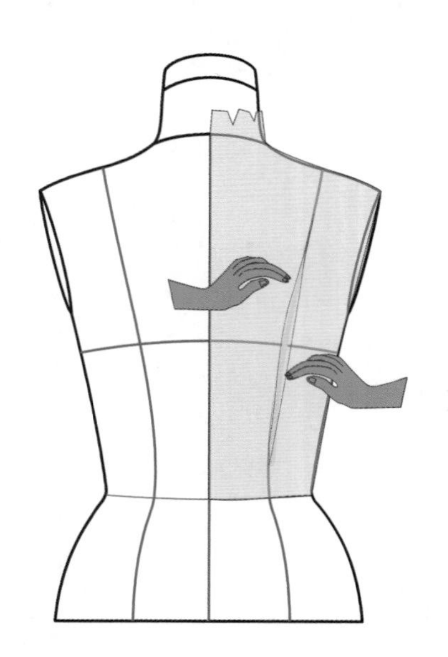

图2–43　立裁预置法

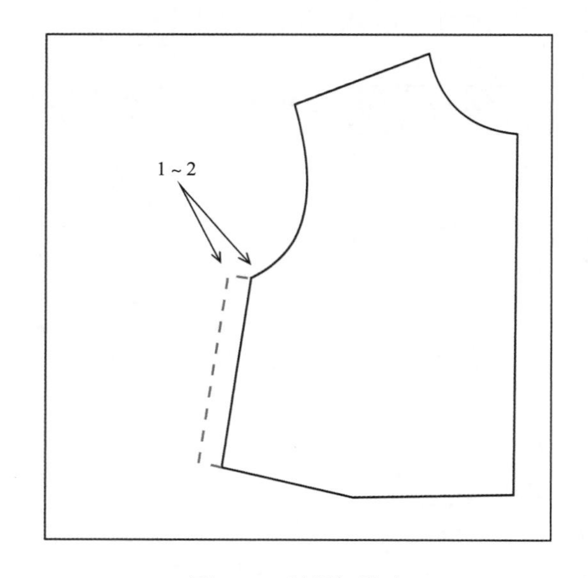

图2–44　纸样加放法

思考与练习

1. 立体裁剪的人台规格类型有哪些？人台的选用原则是什么？
2. 立体裁剪前的布料纱向整理方法有哪些？
3. 立体裁剪共有几种别合固定针法？BP点处一般选用什么针法固定？
4. 立体裁剪的松量处置有哪几种方法？
5. 立体裁剪的取布方法有哪些？

第三章 经典上衣的立体裁剪

第一节　前胸收省经典上衣的立体裁剪

一、款式造型分析

这是一款前胸收省的经典上衣，前衣片全部省量集中在胸下，此款也是上衣原型，如图3–1所示。

图3–1　款式图

二、立体裁剪制作

（一）人台准备

如图3–2所示，粘贴人台上半身基准线，包括领围线、胸围线、腰围线、前中线、后中线、侧缝线、公主线等。

（二）前片制作

1. 前片取布

（1）纵向长度：从侧颈点经BP点，至腰围线定为纵向净样长度Y，上下两端各预留5cm，作为立体裁剪操作损耗量，即纵向长度=Y+10cm，如图3–3所示。

（2）横向宽度：从前中线沿胸围线至侧缝线定为横向净样宽度X，左右两端各预留5cm，作为立体裁剪操作损耗量，即横向长度=X+10cm，如图3–4所示。

（3）如图3–5所示，布纹纱向为经向。

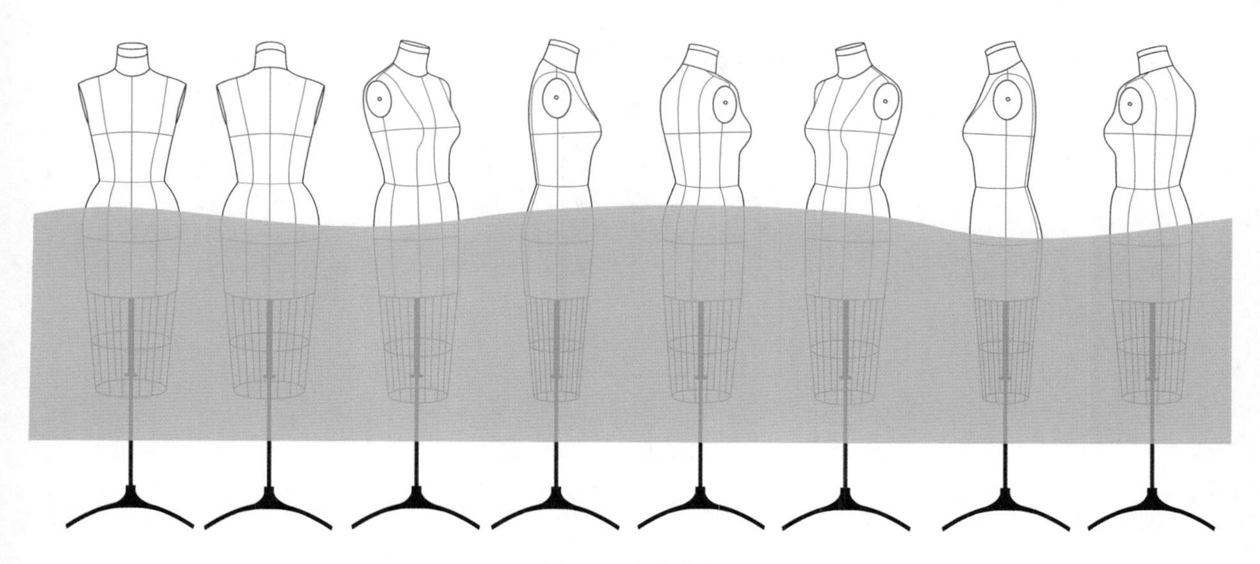

图3-2　人台准备

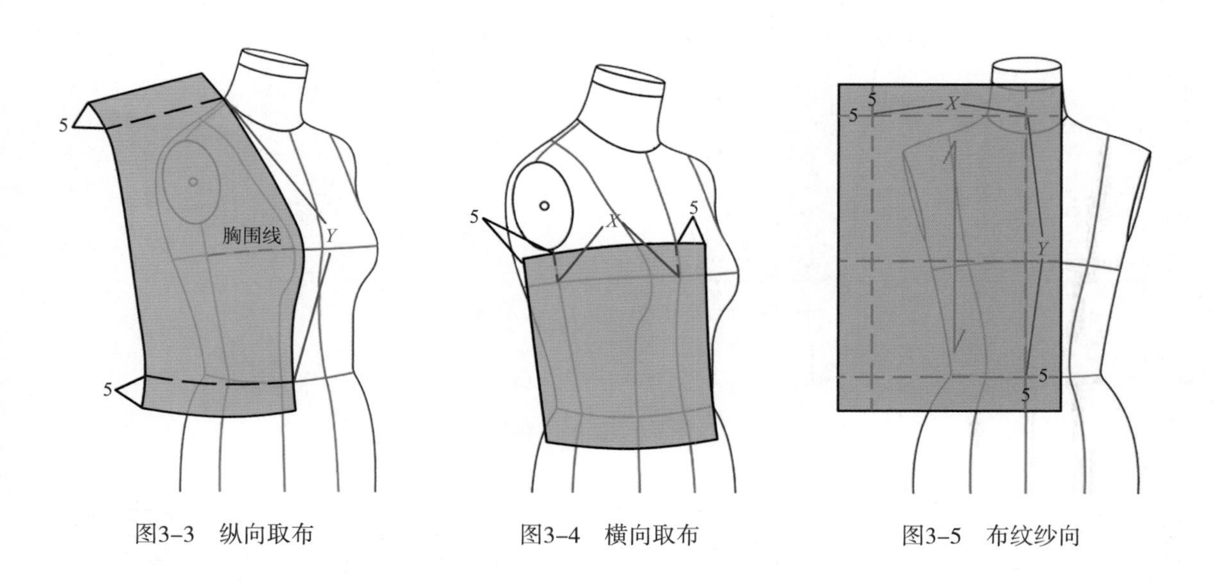

图3-3　纵向取布　　图3-4　横向取布　　图3-5　布纹纱向

（4）定点画线：在白坯布上画出胸围线，如图3-6、图3-7所示。

2. **前片覆布**

将白坯布上的前中线、胸围线与人台上相应的基准线对齐重合，以交叉针法用大头针固定前中线、BP点，如图3-8所示。

3. **前片推布**

按照图3-9中标注的顺序，将白坯布在人台上的各部位推平，余量逐渐推向胸省位。每推平一个部位，均用大头针固定。

4. **前片做胸腰省**

如图3-10所示，将白坯布的余量集中于胸腰位，捏省，捏好后在腰部打剪口，修顺

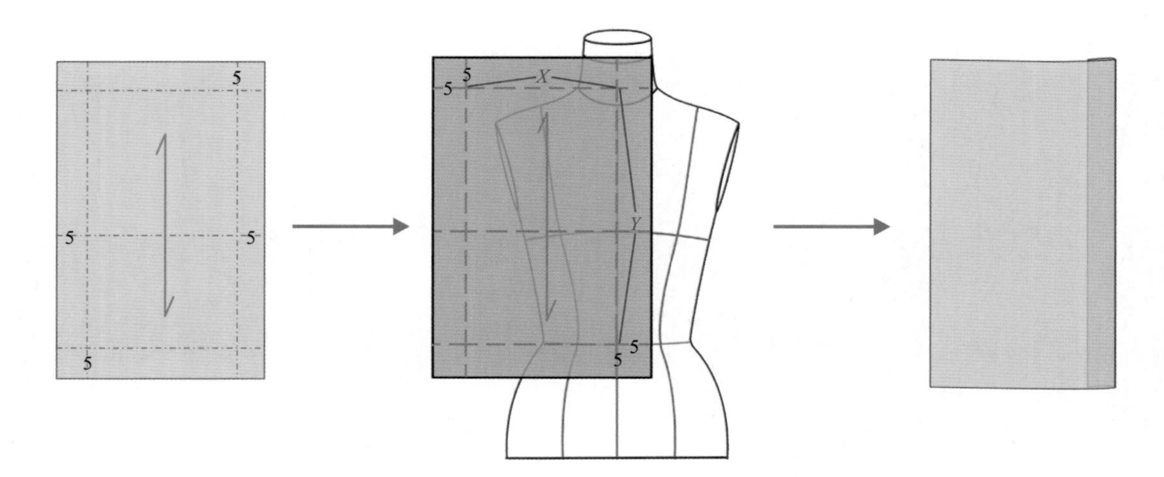

图3-6 定点

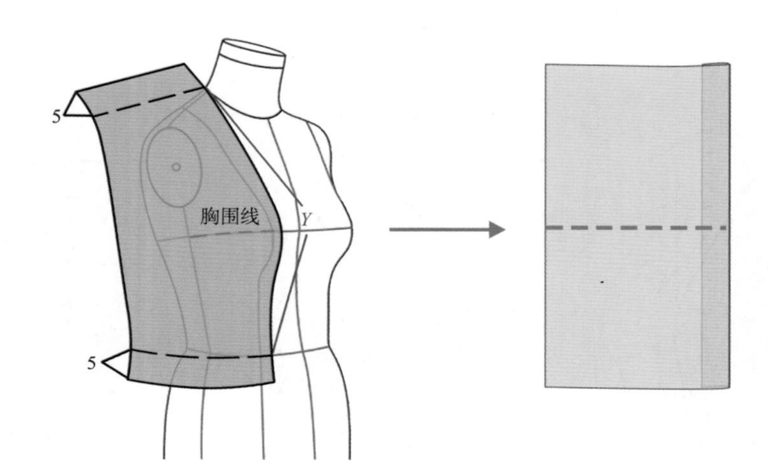

图3-7 画胸围线

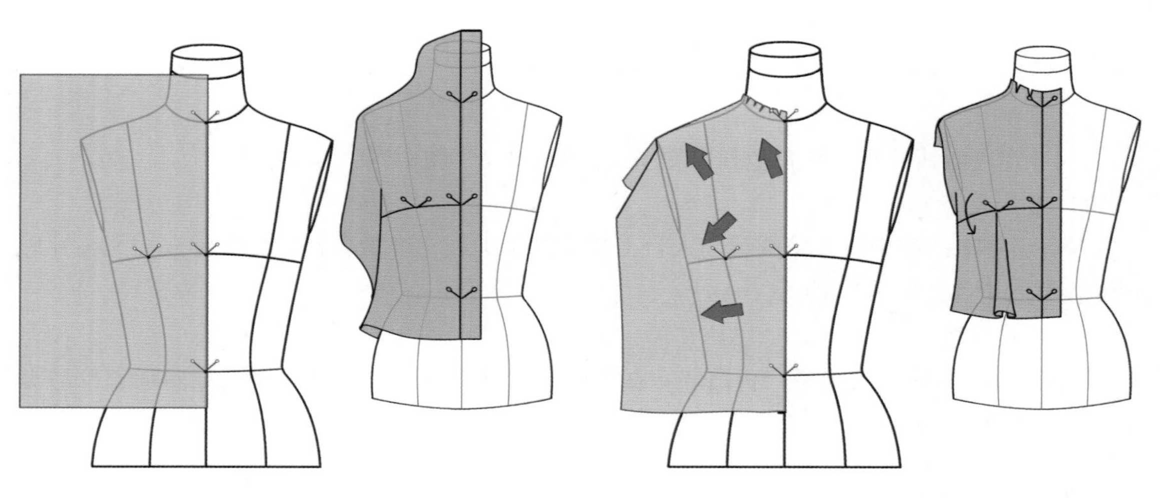

图3-8 前片覆布

图3-9 前片推布

布边。

5. **前片描点**

参考人台上的基准线，在白坯布上用铅笔或褪色笔描点。另外，精确描出省位，包括省尖点、省宽点（图3-11、图3-12）。

6. **前片拓板**

如图3-13所示，将前片从人台中取下，平铺于平台上，根据“描点线”精确画出标记线，修剪掉多余的量做纸样平面修正，并将纸样左右对称复制，最后加放1cm宽的缝份完成纸样。

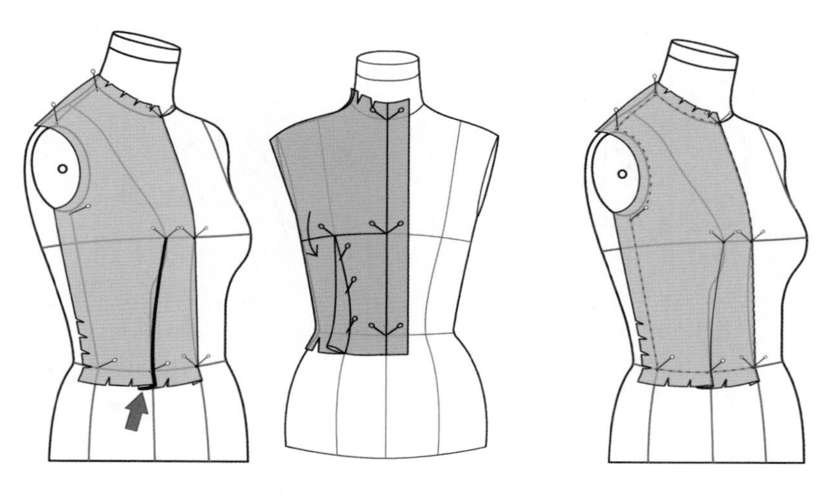

图3-10　前片做胸腰省　　图3-11　前片描点

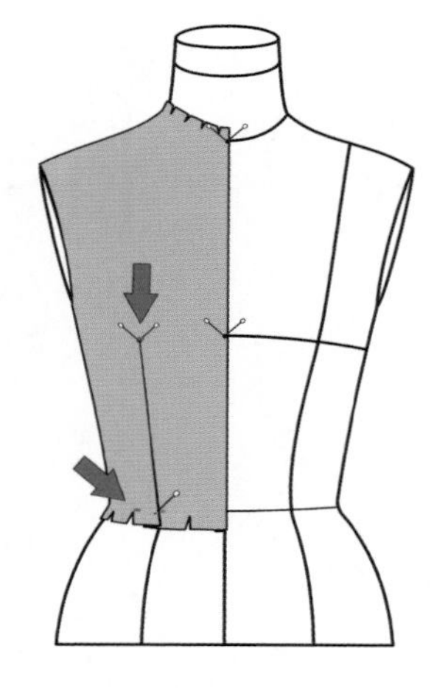

图3-12　省位描点

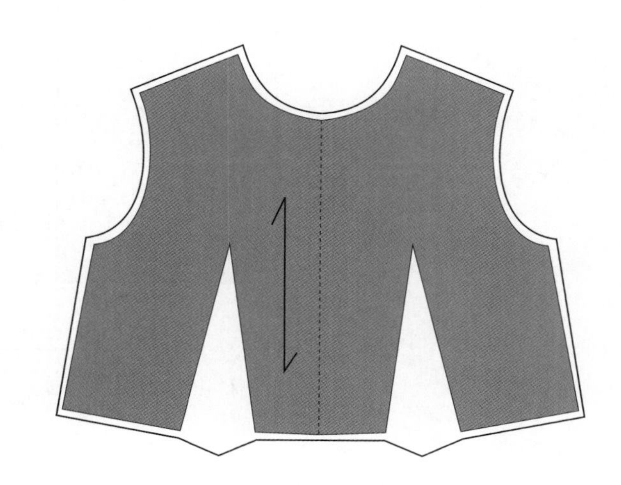

图3-13　前片拓板

（三）后片制作

1. **后片取布**

（1）纵向长度：从侧颈点经后背至腰围线定为纵向净样长度Y，上下两端各预留5cm，作为立体裁剪操作损耗量，即纵向长度=Y+10cm，如图3-14所示。

（2）横向宽度：从后中线沿后背线至侧缝线定为横向净样宽度X，左右两端各预留5cm，作为立体裁剪操作损耗量，即横向长度=X+10cm，如图3-15所示。

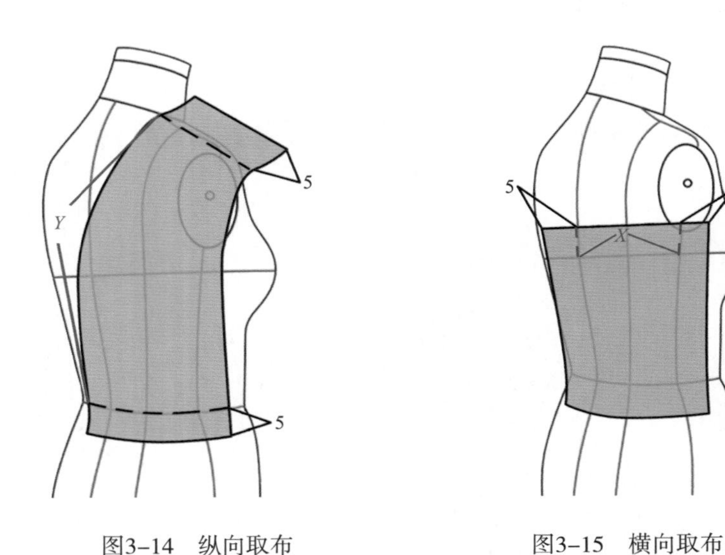

图3-14 纵向取布　　图3-15 横向取布

（3）如图3-16所示，布纹纱向为经向。

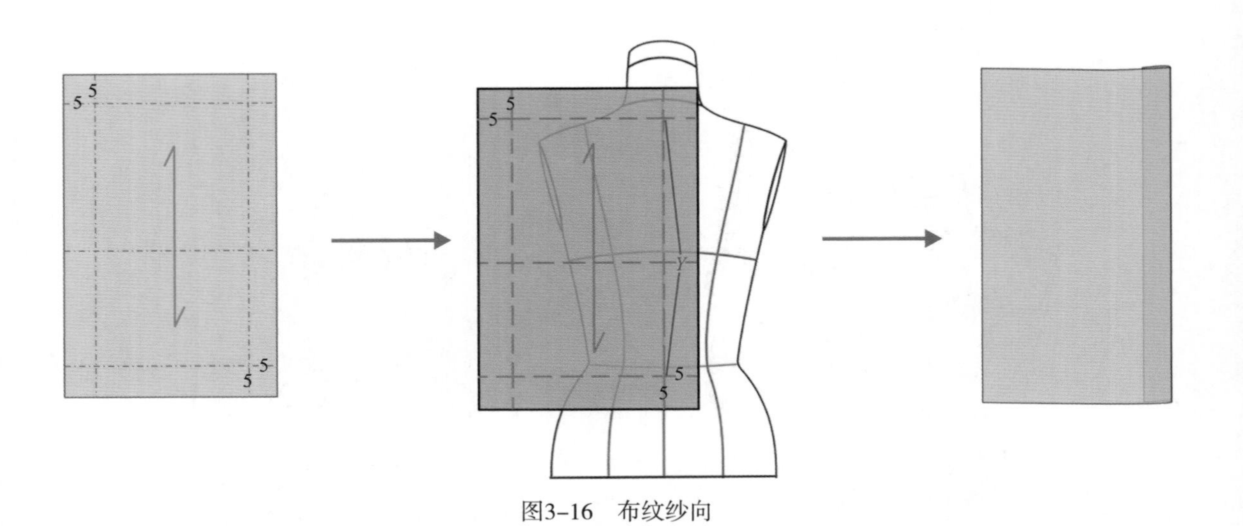

图3-16 布纹纱向

2. **后片覆布**

将白坯布的后中线与人台相应基准线重合，用交叉针法固定后中处，如图3-17所示。

3. **后片推布**

如图3-18所示，依照图中标注的顺序，沿人台将领围处的白坯布推平并打剪口，通过上下拉动图中②位置，初次确定肩省省尖位置。在做肩省时，要综合考虑后肩省与后背省两省省尖的结构平衡。

4. **后片做肩省**

如图3-19所示，在肩胛骨处找省尖点，初步拟订肩省省尖位置在肩线向下7～9cm（根据人台体型不同各异），将肩部余量捏成肩省。此处操作，需要边做、边调整省尖的位置，以求达到最佳合体状态。可按前片胸腰省做法，做出后肩省。

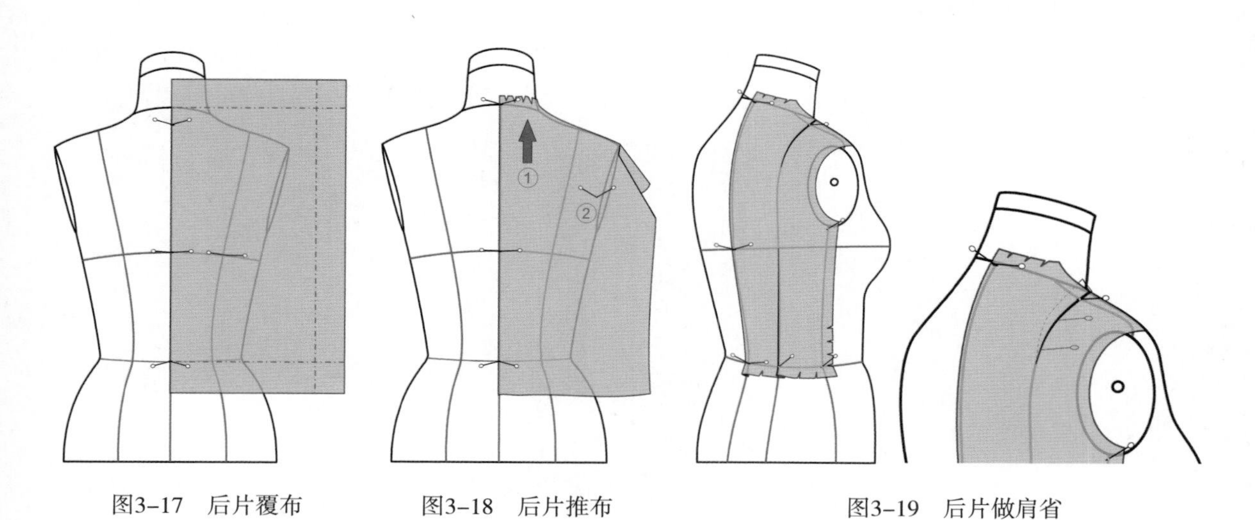

图3-17　后片覆布　　图3-18　后片推布　　图3-19　后片做肩省

5. **后片修剪与描点**

如图3-20所示，参考人台上的基准线，在白坯布上用铅笔或褪色笔描点。另外，精确描出省位，包括省尖点、省宽点。留缝份，修剪布边。

6. **后片拓板**

如图3-21所示，将衣片从人台上取下，平铺于平台上，根据标记点精确画出衣片结构线，修剪多余的量，进行平面修正，左右对称复制。把人台上的坯样转换为工业纸样，最后加放1cm宽的缝份，完成纸样。

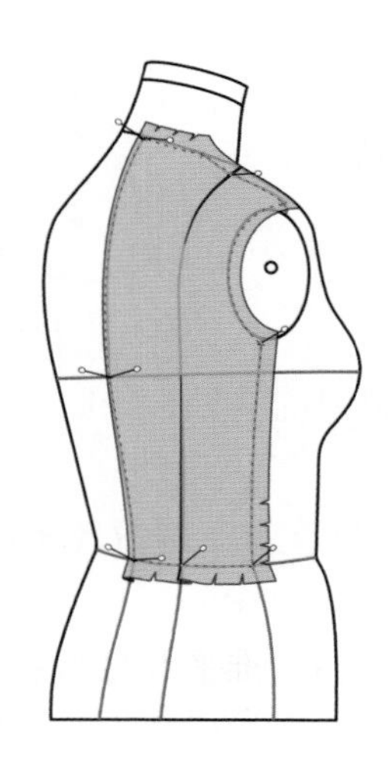

图3-20　后片修剪与描点

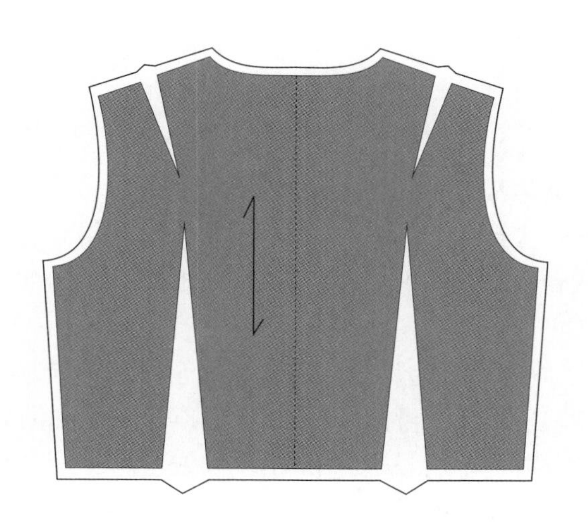

图3-21　后片拓板

第二节　双斜省经典上衣的立体裁剪

一、款式造型分析

这是一款利用省道转移原理制作的上衣，此款胸前有一个斜肩省和一个斜腰省，两省道平行，如图3-22所示。此款特点是将前片胸省省量分别转至衣片的肩部与腰部，形成不对称的省形。

图3-22　款式图

二、立体裁剪制作

（一）人台准备

在人台上，用标识带贴出肩胸省、胸腰省的位置，省尖均指向前胸处，如图3-23所示。

（二）取布

（1）纵向长度：从侧颈点经BP点至腰围线定为纵向净样长度，上下两端各预留5cm，作为立体裁剪操作损耗量，即纵向长度=Y+10cm，如图3-24所示。

（2）横向宽度：从前中线沿胸围线至侧缝线定为横向净样宽度，左右两端各预留5cm，作为立体裁剪操作损耗量，即横向宽度=X+10cm，如图3-25所示。

（3）布纹纱向为经向，在布片上用褪色笔画出前中线和胸围线，如图3-26所示。

图3-23　人台准备

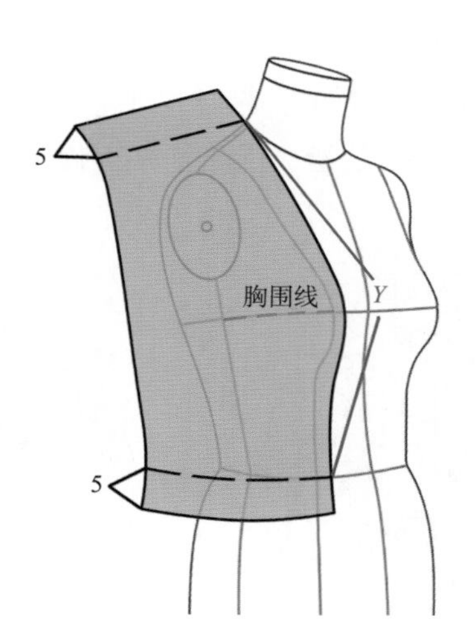

图3-24　纵向取布

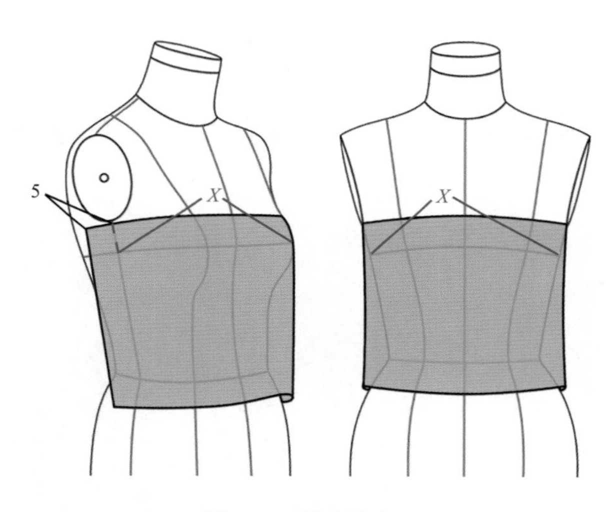

图3-25　横向取布

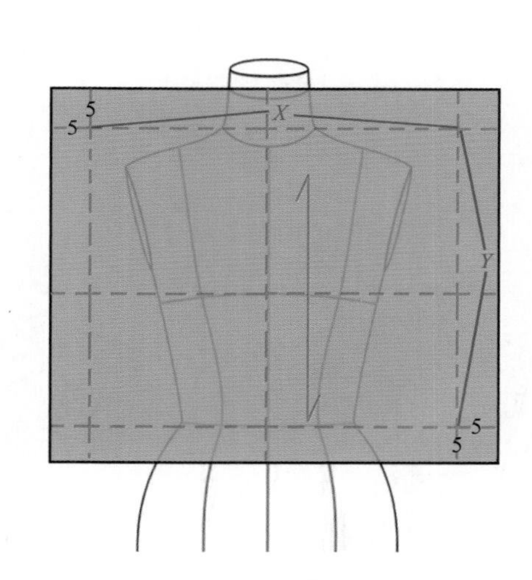

图3-26　画线

（三）覆布

如图3-27所示，将白坯布上的前中线、胸围线，与人台上相对应的基准线重合，以交叉针法用大头针固定前中线、BP点。

（四）推布

如图3-28所示，将上下松量分别沿箭头方向推移至新的省位，左边松量向上、向右边推，右边松量向下、向左边推；调整好松紧度后，用大头针将衣身上部分的省固定，同时将领口打剪口并粗裁，以保证领部平顺，同时将下摆初裁，保证腰部平顺（图3-29、图3-30）。

（五）做标记

如图3-31所示，将袖窿、肩部和侧缝进行粗裁，在受到牵扯的部位（如袖窿处）适当增加剪口。整理好后，参考人台基准线在白坯布上描点标记。标记部位包括领口线、肩线、袖窿弧线、侧缝线、腰线，并将省道做好标记。

（六）拓板

将衣片从人台上取下，平铺于平台上，根据“描点线”精确画出标记线，并加放1cm宽的缝份，修剪掉多余的量，做纸样平面修正，获得最终纸样，如图3-32所示。

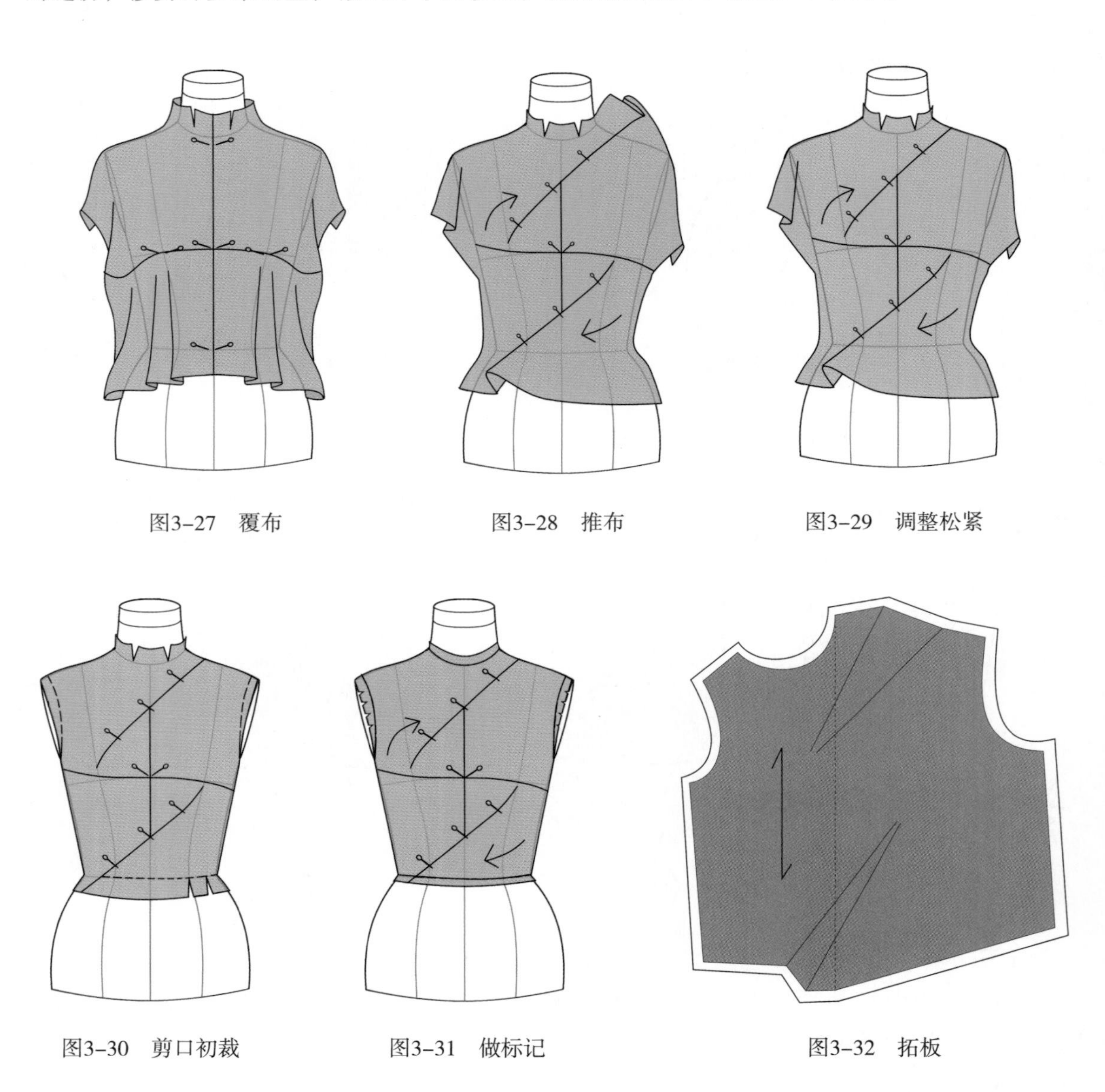

图3-27　覆布

图3-28　推布

图3-29　调整松紧

图3-30　剪口初裁

图3-31　做标记

图3-32　拓板

第三节　弧形省经典上衣的立体裁剪

一、款式造型分析

图3–33是一款利用省道转移原理制作而成的上衣。此款特殊之处在于省道转移是打破常规的弧形省道形态。弧形省的弧形形态给我们的立体裁剪操作带来难度，所以操作时一定要注意省的推移方向，同时为方便操作，需要将省道剪开，便于余量轻松转移。

图3–33　款式图

二、立体裁剪制作

（一）人台准备

如图3–34所示，用标识带在人台上贴出上下弧形省的位置省尖指向BP点。

（二）取布

（1）纵向长度：从侧颈点经BP点至腰围线定为纵向净样长度，上下两端各预留5cm，作为立体裁剪操作损耗量，即纵向长度=Y+10cm（图3–35）。

（2）横向宽度：从前中线沿胸围线至侧缝线定为横向净样宽度，左右两端各预留5cm，作为立体裁剪操作损耗量，即横向宽度=X+10cm（图3–36、图3–37）。

（3）布纹纱向为经向，在布片上用褪色笔画出前中线和胸围线（图3–38）。

图3-34　人台准备

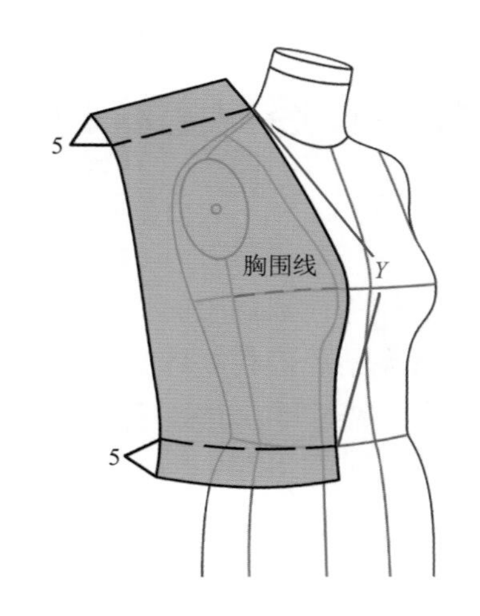

图3-35　纵向取布

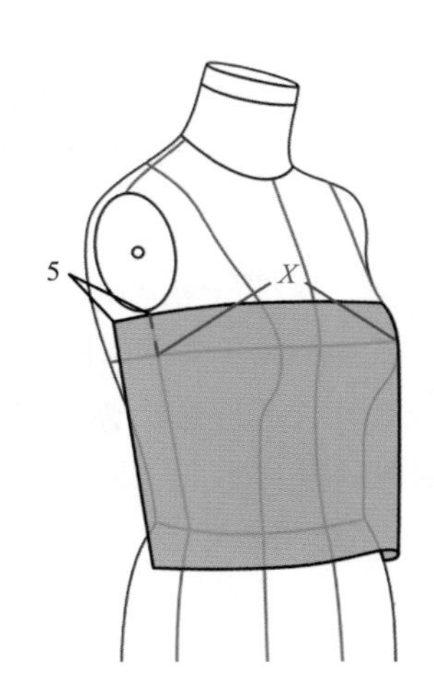

图3-36　横向取布（侧面）

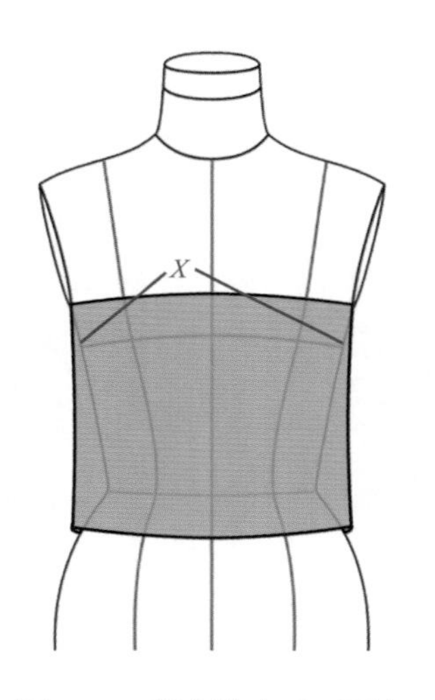

图3-37　横向取布（正面）

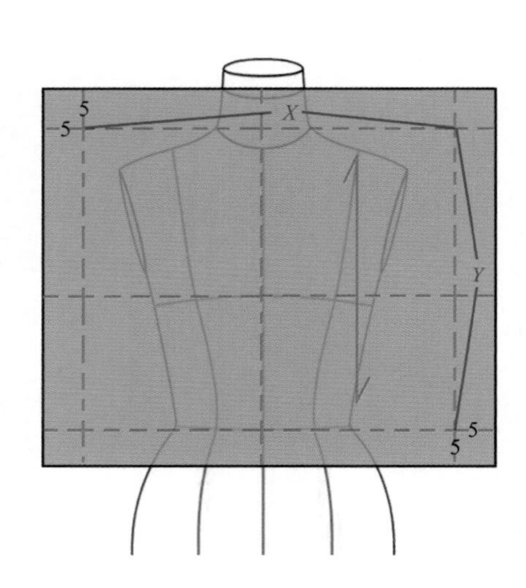

图3-38　画线

（三）覆布

如图3-39所示，将白坯布上画的前中线、胸围线与人台上相应的基准线重合，固定前中线、BP点，用大头针以交叉针法固定。

（四）推布

如图3-40、图3-41所示，按照人台上的标识线确定弧形省的形状，将衣片余量分别推向左上方和右下方，并将省位分别剪开，以便于很好地转移余量，使造型合体平服。

（五）粗裁与标记

如图3-42、图3-43所示，调整好省形后，用大头针将省道固定，同时将衣身进行粗裁。整理好后，参考人台基准线在布料上描点标记。标记部位包括衣片上口线、衣片下口线、省道，特别是省道的弧线要精确做好标记。

（六）拓板

如图3-44所示，将衣片从人台上取下，平铺于平台上，根据“描点线”精确画出标记线并加放1cm宽的缝份，修剪掉多余的量，做纸样平面修正，获得最终纸样。

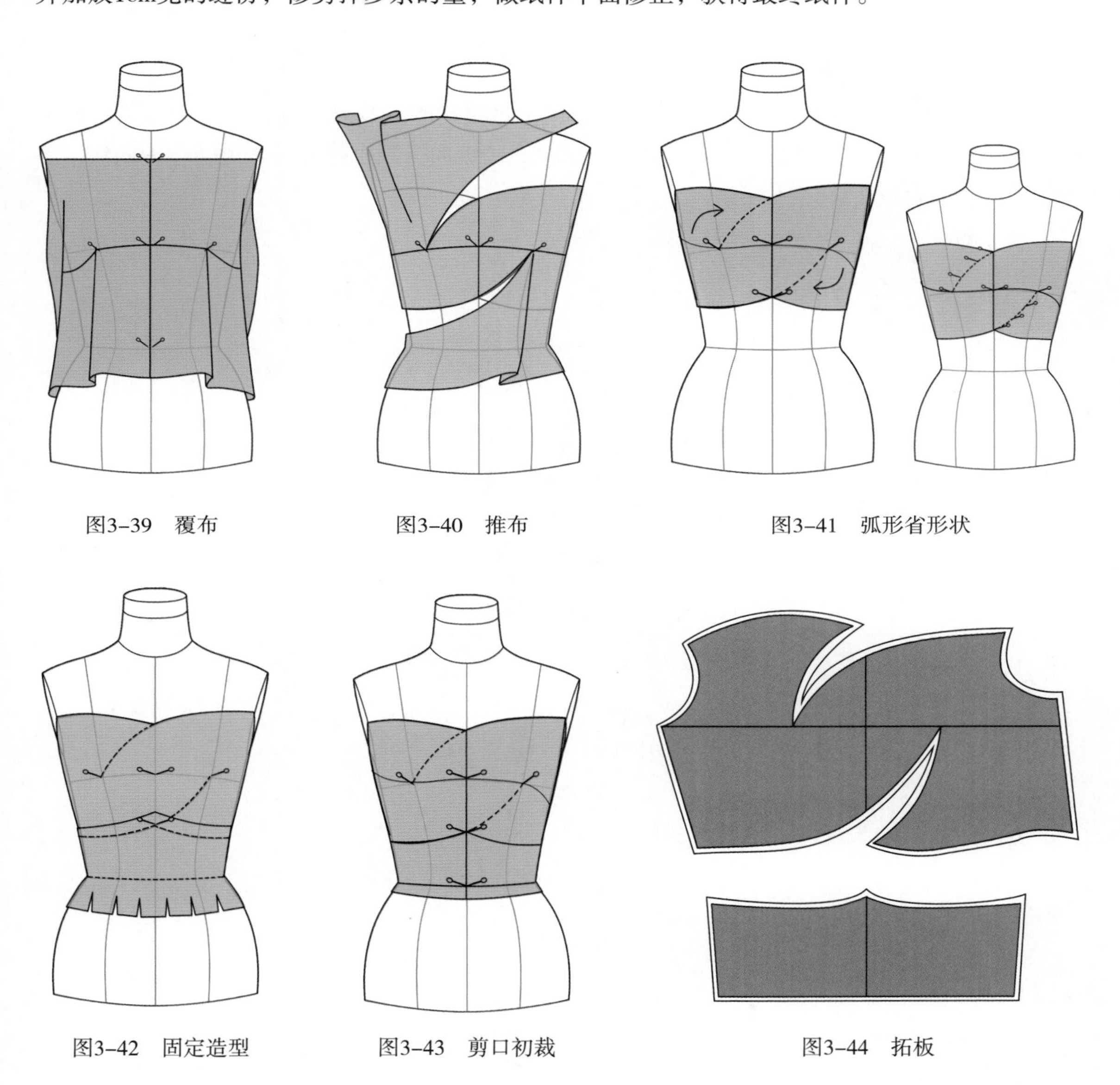

图3-39　覆布

图3-40　推布

图3-41　弧形省形状

图3-42　固定造型

图3-43　剪口初裁

图3-44　拓板

第四节　公主线分割经典上衣的立体裁剪

一、款式造型分析

图3-45是一款利用公主线分割的经典上衣。此款式公主线的设置，一是曲线美观的需要，二是功能的需要，即追求适体。其实，此款式的纵向分割也是一种省道转移的做法，将胸腰差产生的余量转移至分割线中。

图3-45　款式图

二、立体裁剪制作

（一）人台准备

在人台上，用标识带标出公主线的位置，因此款式为对称款式，故只需贴出一侧公主线位置，如图3-46所示。

（二）前中片取布

（1）纵向长度：从侧颈点经BP点至腰围线定为纵向净样长度，上下两端各预留5cm，作为立体裁剪操作损耗量，即纵向长度=Y+10cm（图3-47）。

（2）横向宽度：从前中线沿胸围线至公主线定为横向净样宽度，左右两端各预留5cm，作为立体裁剪操作损耗量，即横向宽度=X+10cm（图3-48）。

（3）布纹方向为经向，在布片上用褪色笔画出前中线和胸围线（图3–49）。

图3–46　人台准备

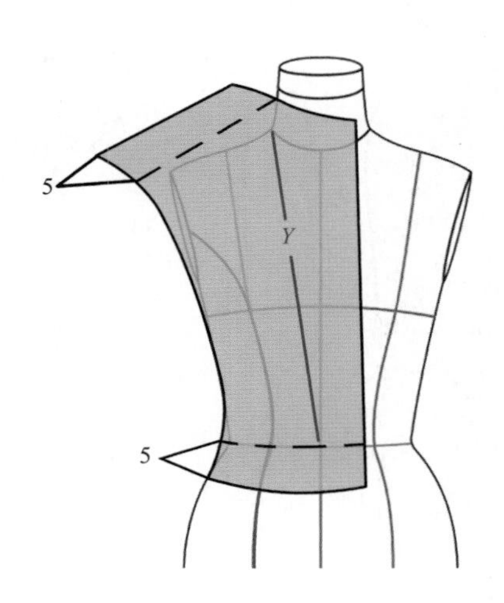

图3–47　纵向取布

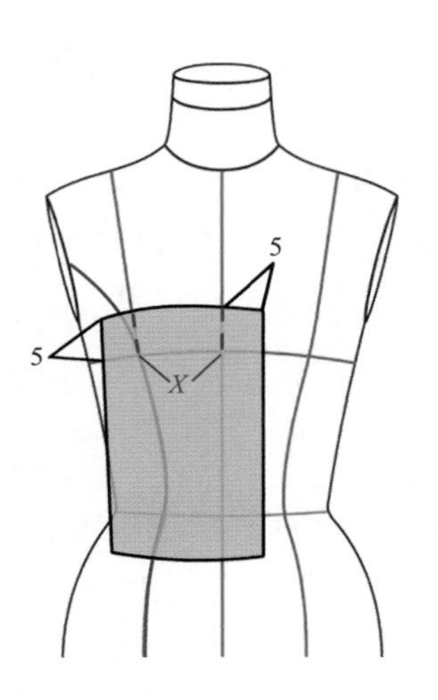

图3–48　横向取布

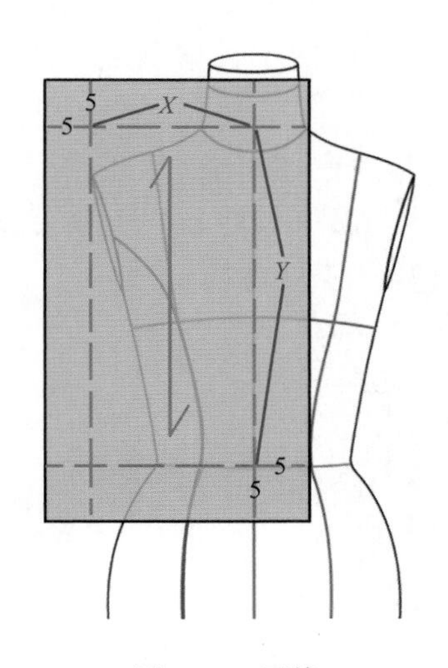

图3–49　画线

（三）前侧片取布

（1）纵向长度：从前侧分割线最高点至腰围线定为纵向净样长度，上下两端各预留5cm，作为立体裁剪操作损耗量，即纵向长度=Y+10cm（图3–50）。

（2）横向宽度：从BP点沿胸围线至侧缝线定为横向净样宽度，左右两端各预留5cm，作为立体裁剪操作损耗量，即横向宽度=X+10cm（图3–51）。

（3）布纹方向为经向，取布示意图如图3–52所示。

（四）覆布

如图3–53所示，将白坯布上画的前中线、胸围线与人台上相应的基准线重合，固定前中线、BP点，用大头针以交叉针法固定。

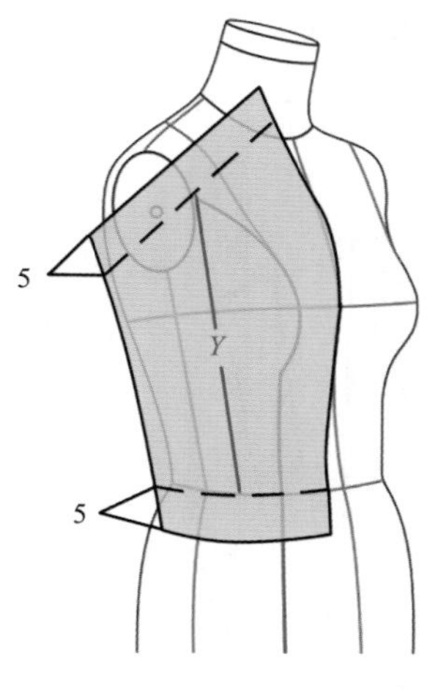

图3-50　纵向取布

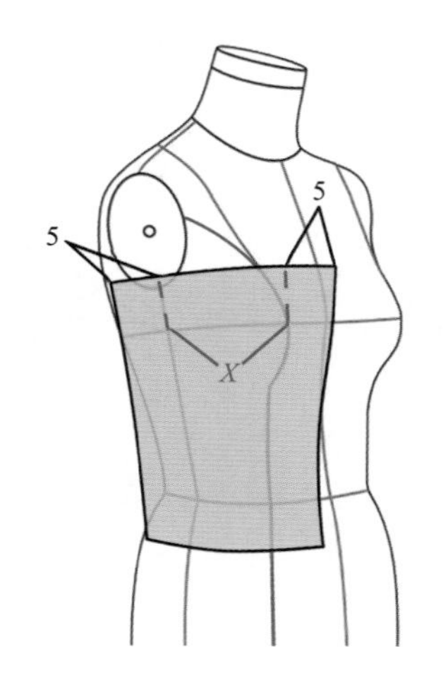

图3-51　横向取布

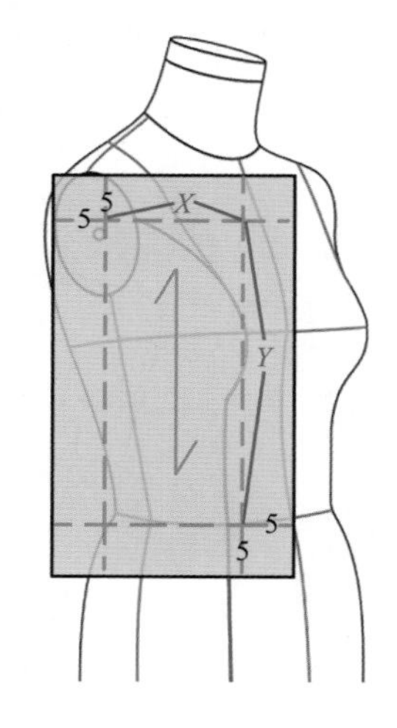

图3-52　取布示意图

（五）推布

（1）前中片：按照人台上的基准线确定分割位置，将衣片余量分别按图中箭头方向推，剪开分割位，以便于转移余量，使造型合体平服，可适当打剪口，如腰部及BP点附近（图3-54）。

（2）前侧片：白坯布经纱方向与人台侧面腰围线垂直，用大头针固定；沿公主线、袖窿弧线、侧缝线与腰围线将布料推平、推顺，BP点附近有弧度的地方可以打剪口，弧度越大，打的剪口越密（图3-55）。

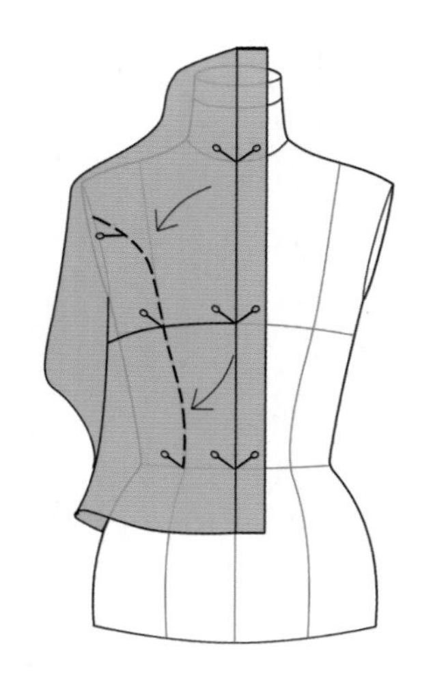

图3-53　覆布

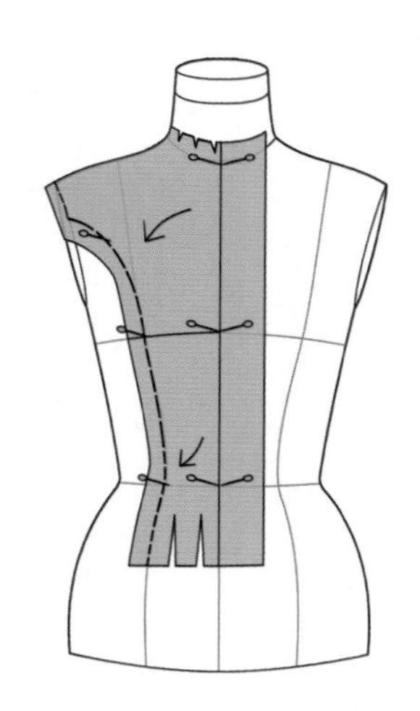

图3-54　前中片的立体裁剪

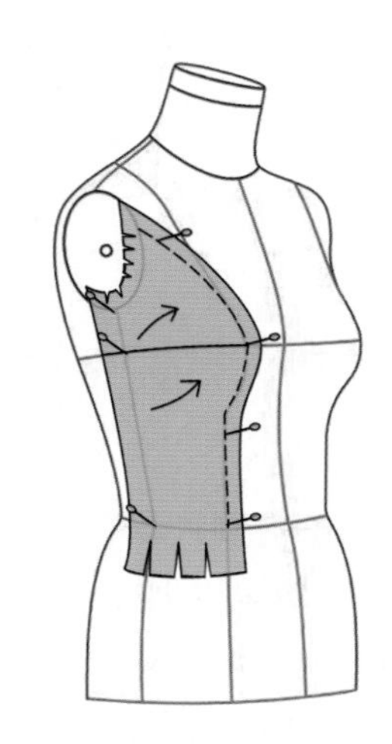

图3-55　前侧片的立体裁剪

（六）粗裁与标记

如图3-56所示，整理好造型后，同时将衣身进行粗裁，参考人台基准线并在布料上描点标记。标记部位包括领口线、肩线、袖窿弧线、侧缝线、分割线，特别是省道的弧线要精确做好标记。用大头针将前中片与前侧片固定，进行衣片假缝（图3–57）。

（七）拓板

如图3–58所示，将衣片从人台上取下，平铺于平台上，根据“描点线”精确画出标记线，并加放1cm宽的缝份，修剪掉多余的量，做纸样平面修正，获得最终纸样。

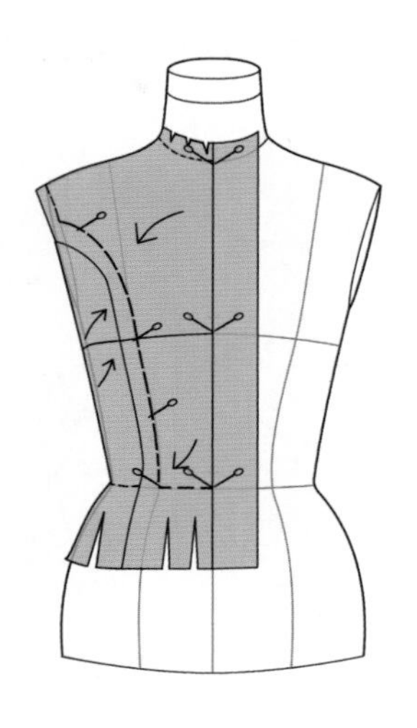

图3–56　粗裁与标记

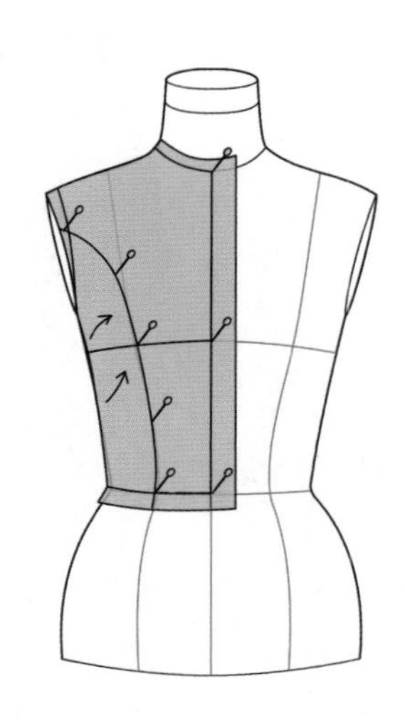

图3–57　衣片假缝

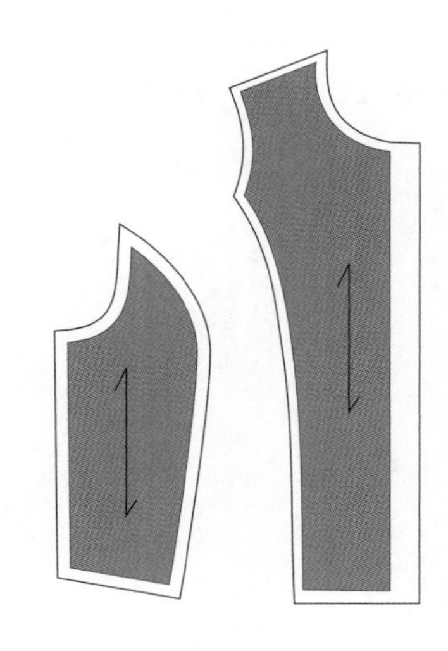

图3–58　拓板

第五节　V形分割经典上衣的立体裁剪

一、款式造型分析

这是一款利用V字弧线分割的经典无袖上衣，此款式胸前呈V形，从肩部延伸到前中线靠近腰部，V字弧线分割使款式更具有流线变化，如图3-59所示。

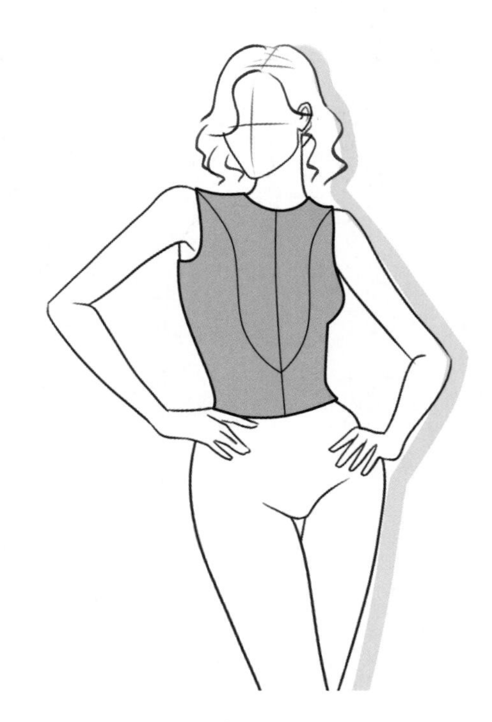

图3-59　款式图

二、立体裁剪制作

（一）人台准备

如图3-60所示，在人台上用标识带贴出V形分割线的位置，因此款式为对称款式，故只需标识一侧V形分割线位置。

（二）前中片取布

（1）纵向长度：从侧颈点经BP点至腰围线定为纵向净样长度，上下两端各预留5cm，作为立体裁剪操作损耗量，即纵向长度=Y+10cm（图3-61）。

（2）横向宽度：从前中线沿胸围线至分割线定为横向净样宽度，左右两端各预留5cm，作为立体裁剪操作损耗量，即横向宽度=X+10cm（图3-62）。

（3）布纹方向为经向，在布片上用褪色笔画出前中线和胸围线（图3-63）。

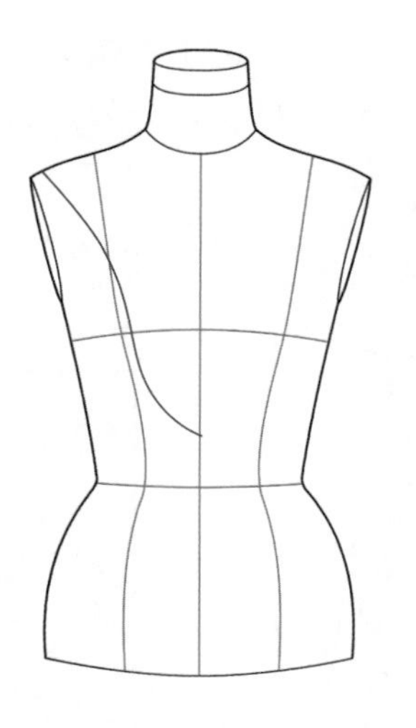

图3-60　人台准备

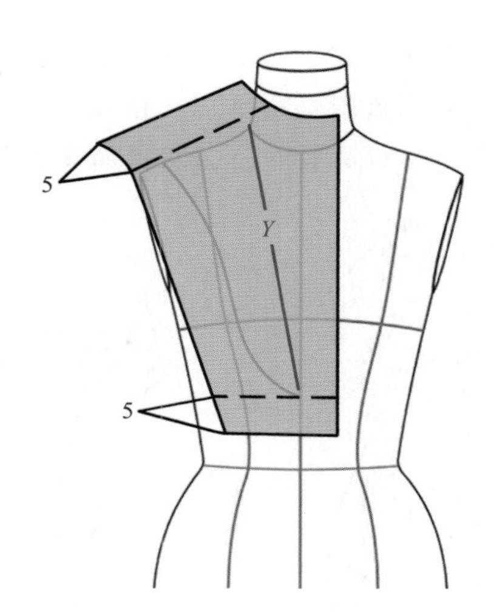

图3-61　前中纵向取布

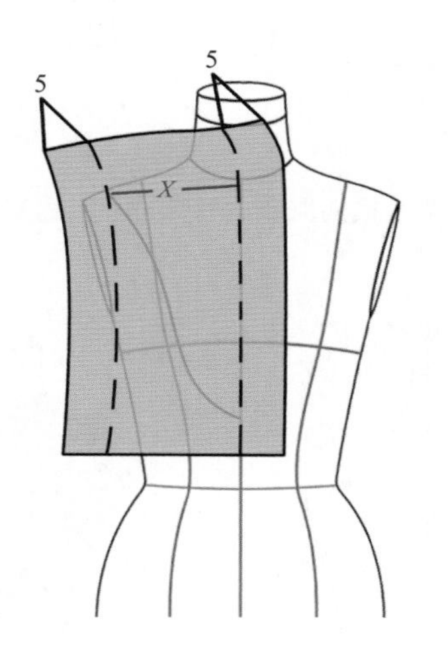

图3-62　前中横向取布

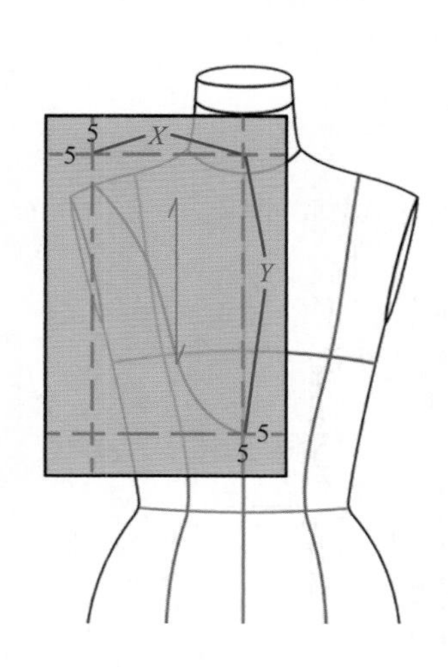

图3-63　画线

（三）前侧片取布

（1）纵向长度：从前侧分割线最高点至腰节线定为纵向净样长度，上下两端各预留5cm，作为立体裁剪操作损耗量，即纵向长度=Y+10cm（图3-64）。

（2）横向宽度：从前侧分割线沿胸围线至侧缝线定为横向净样宽度，左右两端各预留5cm，作为立体裁剪操作损耗量，即横向宽度=X+10cm（图3-65）。

（3）布纹方向为经向，在布片上用褪色笔画出胸围线（图3-66）。

（四）覆布

如图3-67所示，将白坯布上画的前中线、胸围线与人台上相应的基准线重合，固定前中线、BP点，用大头针以交叉针法固定。

（五）推布

（1）前中片：将白坯布的余量按图中箭头方向，一个方向是沿领口、肩部、公主线将布料推平顺，另一个方向是沿前中线、腰节线方向将布料推平顺，两个方向推布结束后，公主线位置的布料应贴服人台，在白坯布上做好描点标记（图3-68）；按标识线将多余的白坯布修剪掉，同时在领口处打适量剪口，使领口位平服（图3-69）；另外，需要注意的是，在分割线位置的缝份也要打适量剪口，使分割线处平服适体。

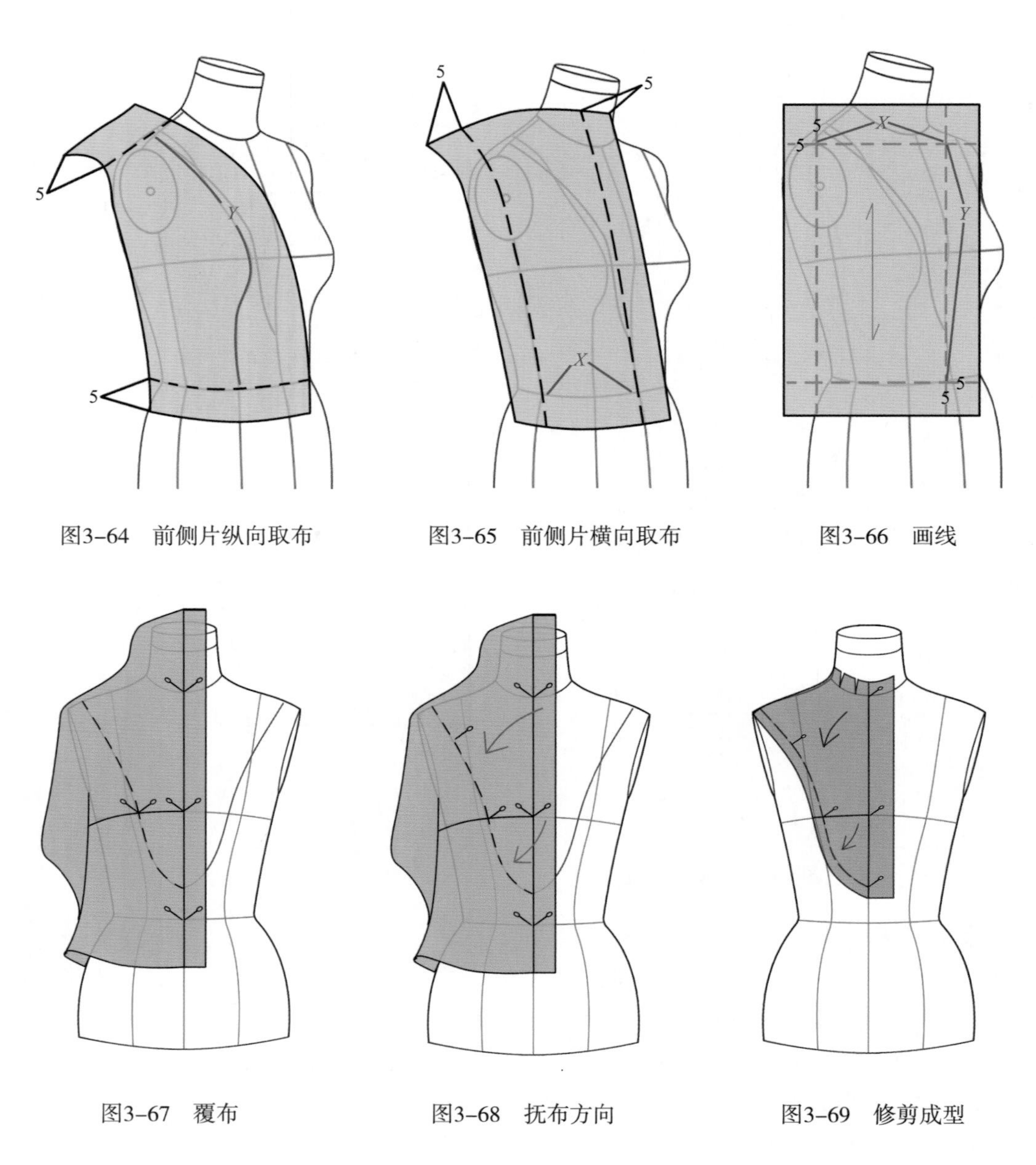

图3-64　前侧片纵向取布　　图3-65　前侧片横向取布　　图3-66　画线

图3-67　覆布　　图3-68　抚布方向　　图3-69　修剪成型

（2）前侧片：把白坯布经纱向与人台侧面腰围线相垂直，用大头针固定；沿分割线、肩线、侧缝线与腰围线将布料推平、推顺，在BP点附近有弧度的地方打剪口，弧度越大，打的剪口应越密（图3-70）。

（六）粗裁与标记

如图3-71所示，整理好造型后，同时将衣身进行粗裁，参考人台基准线在布料上描点标记。标记部位包括领口线、肩线、袖窿线、侧缝线、分割线，特别是省道的弧线要精确做好标记。用大头针将前中片与前侧片固定，进行衣片假缝（图3-72）。

（七）拓板

如图3-73所示，将衣片从人台上取下，平铺于平台上，根据“描点线”精确画出标记线并加放1cm宽的缝份，修剪掉多余的量，做纸样平面修正，获得最终纸样。

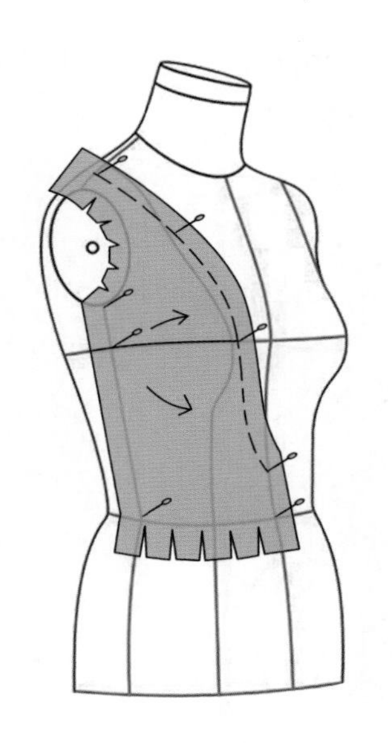

图3-70 前侧片立体裁剪

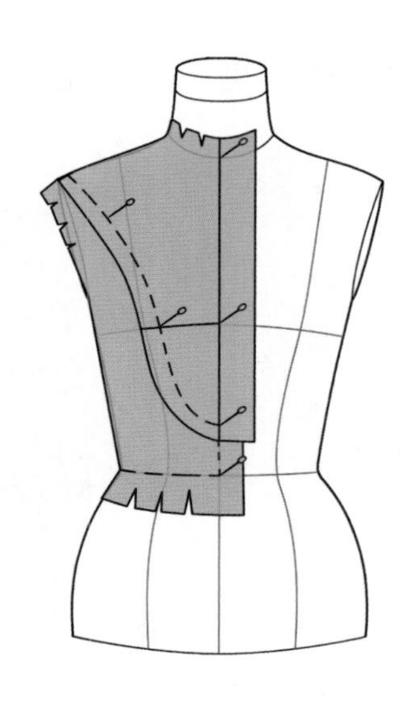

图3-71 描点标记

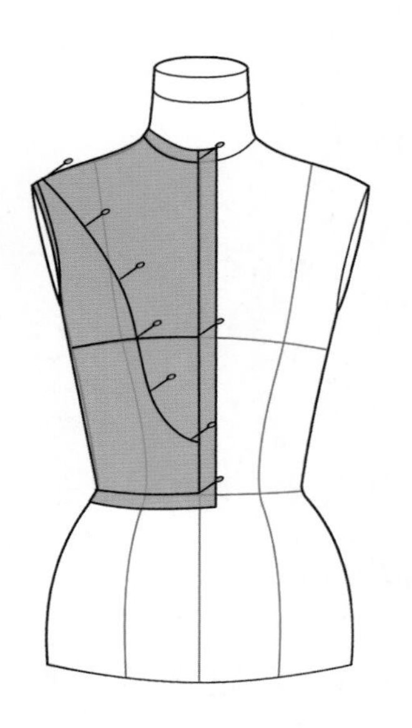

图3-72 衣片假缝

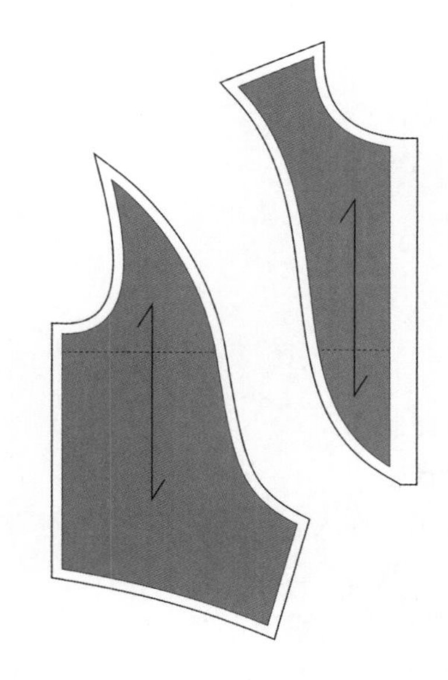

图3-73 拓板

第六节　U形分割经典上衣的立体裁剪

一、款式造型分析

这是一款进行U形曲线分割的经典上衣。在胸前设置U形分割线，从肩部延伸到前中线靠近胸部，U形曲线分割使款式更具有流线性（图3–74）。

图3–74　款式图

二、立体裁剪制作

（一）人台准备

如图3–75所示，在人台上用标识带贴出U形分割线的位置。

（二）前上片取布

（1）纵向长度：从侧颈点经BP点至前上片分割线定为纵向净样长度，上下两端各预留5cm，作为立体裁剪操作损耗量，即纵向长度=Y+10cm（图3–76）。

（2）横向宽度：左右两侧肩部与U形分割线的交点之间的人体曲面长度定为横向净样宽度，左右两端各预留5cm，作为立体裁剪操作损耗量，即横向宽度=X+10cm（图3–77）。

（3）布纹方向为经向，前上片取布整体示意图，如图3–78所示。

图3-75　人台准备

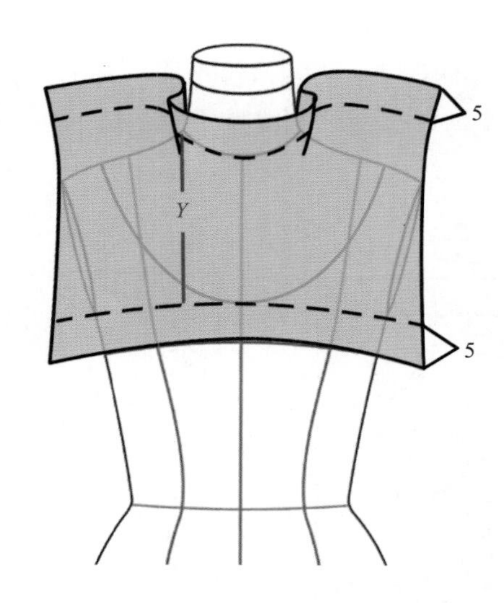

图3-76　前上片纵向取布

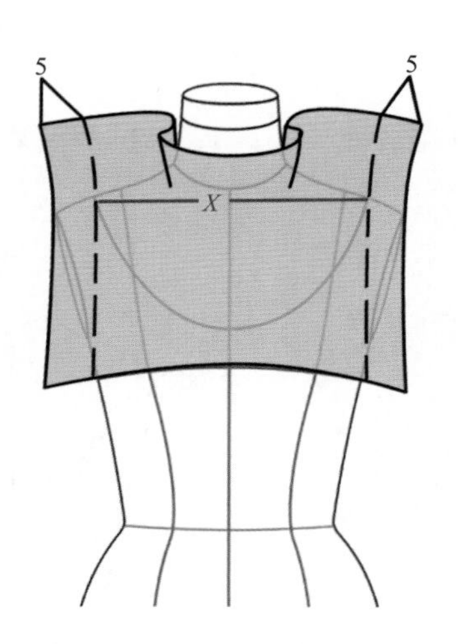

图3-77　前上片横向取布

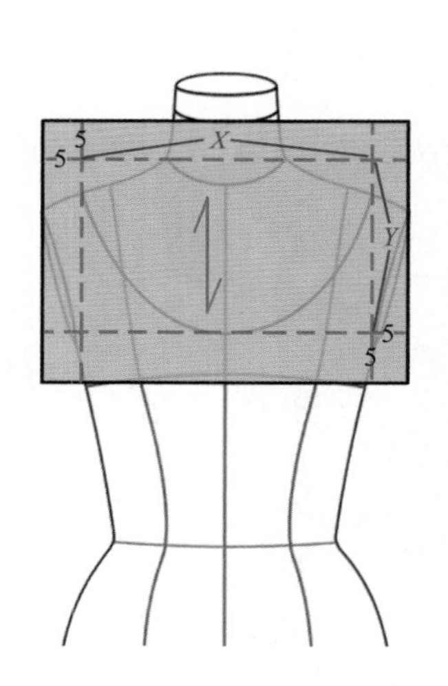

图3-78　前上片取布整体示意图

（三）前下片取布

（1）纵向长度：从前颈中点至前腰围线定为纵向净样长度，上下两端各预留5cm，作为立体裁剪操作损耗量，即纵向长度=Y+10cm（图3-79）。

（2）横向宽度：左右两侧肩部与U形分割线的交点之间的长度定为横向净样宽度，左右两端各预留5cm，作为立体裁剪操作损耗量，即横向宽度=X+10cm（图3-80）。

（3）布纹方向为经向，取布整体示意图如图3-81所示。

（四）前片上半部分覆布

如图3-82所示，将白坯布上画的前中线、胸围线，与人台上相应的基准线重合，固定前中线、BP点，以交叉针法用大头针固定。

（五）前片上半部分推布

如图3-83所示，将白坯布的余量按图中箭头方向沿领口、肩部、分割线将布料推平顺，并参照人台上的分割标识线在白坯布上做好描点标记。按标识线将多余的白坯布修剪，同时在领口处打适量的剪口，使领口位平服（图3-84）。另外，需要注意的是，在分割线位置的缝份也要打适量剪口，使分割线处平服适体。

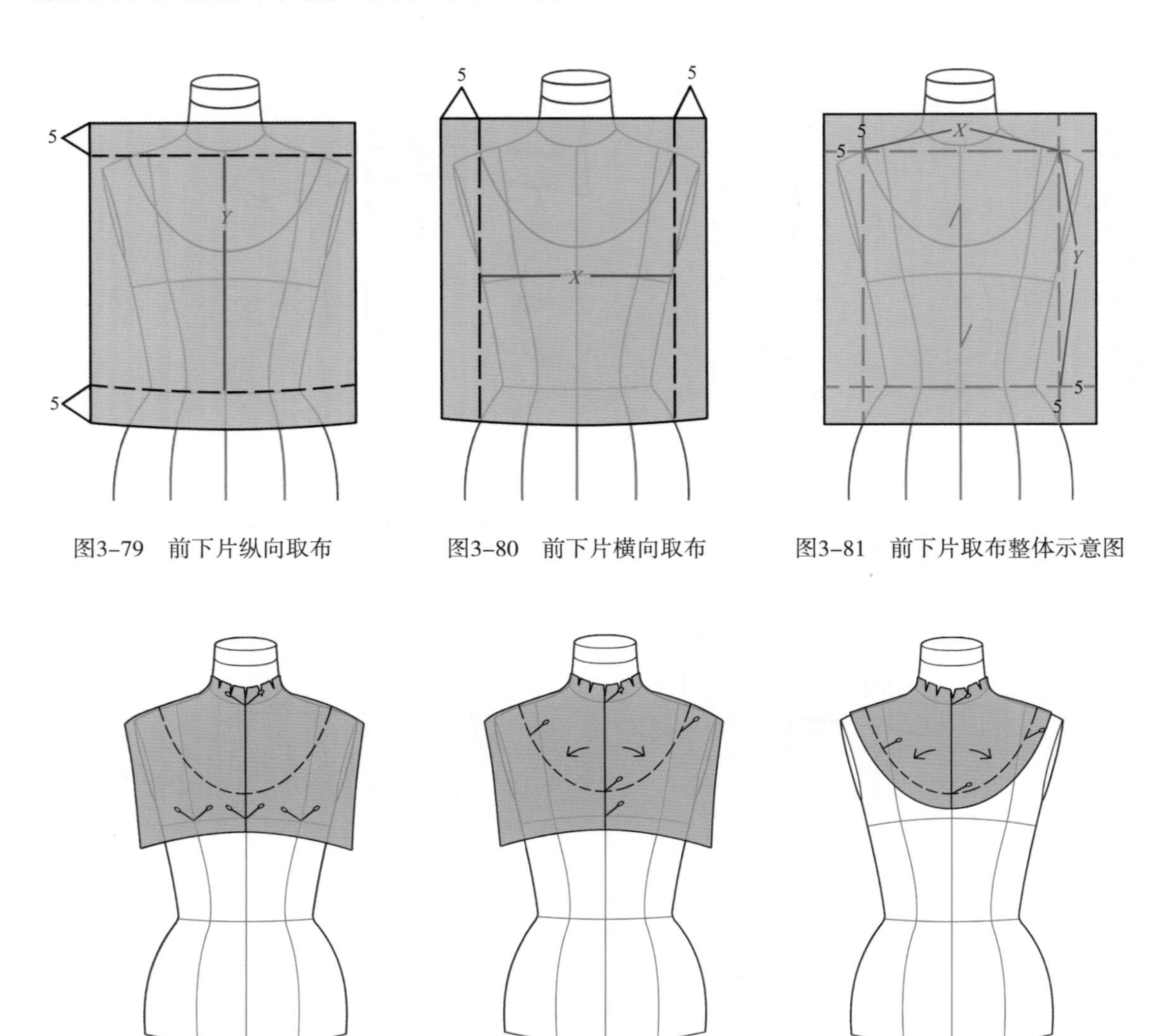

图3-79　前下片纵向取布　　图3-80　前下片横向取布　　图3-81　前下片取布整体示意图

图3-82　前片上半部分覆布　　图3-83　推布方向示意　　图3-84　修剪坯布

（六）前片下半部分覆布

如图3-85所示，将白坯布上画的前中线、胸围线与人台上相应的基准线重合，固定前中线、BP点，以交叉针法用大头针固定。

（七）前片下半部分推布

如图3-86所示，将白坯布的余量按图中箭头方向沿分割线、袖窿弧线、侧缝线将布料推平顺，并参照人台上的分割标识线在白坯布上做好描点标记。按标识线修剪多余的坯布，同时在分割线处打适量剪口，使布片平服。

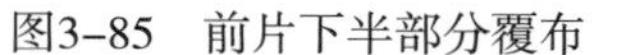

图3-85　前片下半部分覆布

图3-86　推布方向示意

（八）粗裁与标记

如图3-87所示，整理好造型后，同时将衣身进行粗裁，参考人台标识线在布料上描点标记。标记部位包括领口线、肩线、袖窿弧线、侧缝线、腰围线，特别是分割线要精确做好标记。用大头针将前衣片上半部与下半部固定，进行衣片假缝（图3-88）。

（九）拓板

如图3-89所示，将衣片从人台上取下，平铺于平台上，根据“描点线”精确画出标记线并加放1cm宽的缝份，修剪掉多余的量，做纸样平面修正，获得最终纸样。

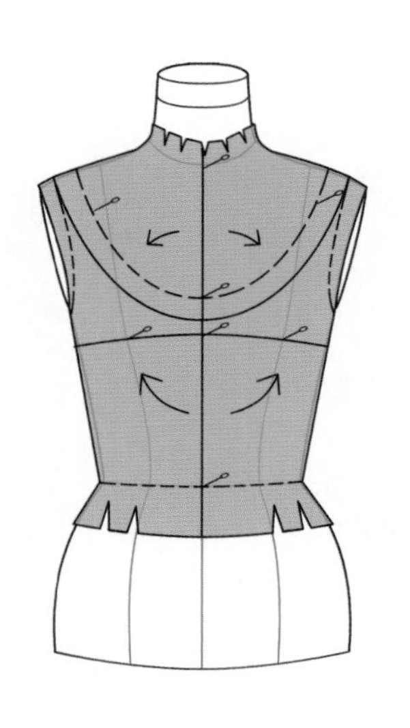

图3-87　描点标记

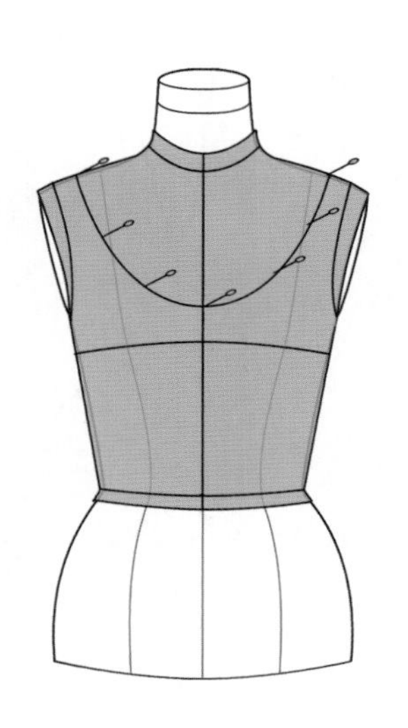

图3-88　衣片假缝

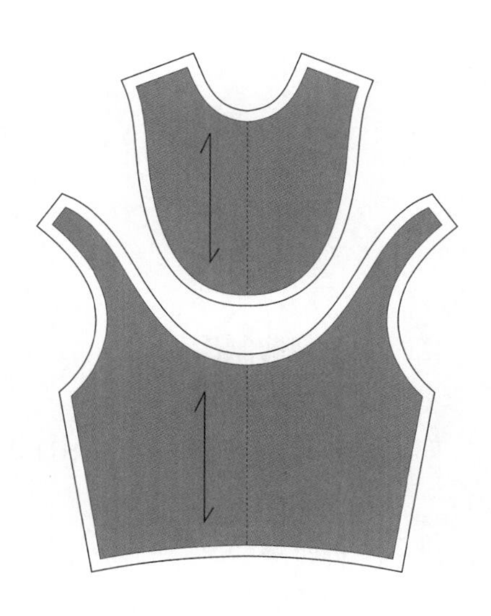

图3-89　拓板

第七节　组合分割经典上衣的立体裁剪

一、款式造型分析

如图3-90所示，这是一款横向分割与纵向分割进行的组合分割经典上衣。此款式根据造型设计的需要，进行了一次多重组合分割，使造型更能满足适体需求，表现一种线条的韵律感。实行多重组合分割要根据分割线的位置，进行分片操作。

图3-90　款式图

二、立体裁剪制作

（一）人台准备

如图3-91所示，在人台上用标识带贴出分割线的位置，因此款式左右对称，故只需粘贴人台一侧的分割标识线。

（二）前片取布

1. A布片取布

（1）布纹方向为经向（直纱）。

（2）如图3-92所示，纵向长度=侧颈点至腋下分割线的长度+10cm，即Y+10cm。

（3）如图3-93所示，横向宽度=前颈中点至肩点的宽度+10cm，即X+10cm。

（4）取布整体示意图，如图3-94所示。

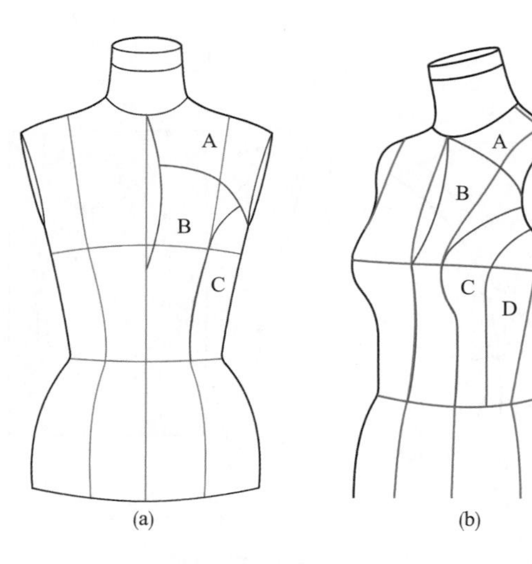

图3-91　贴标识线

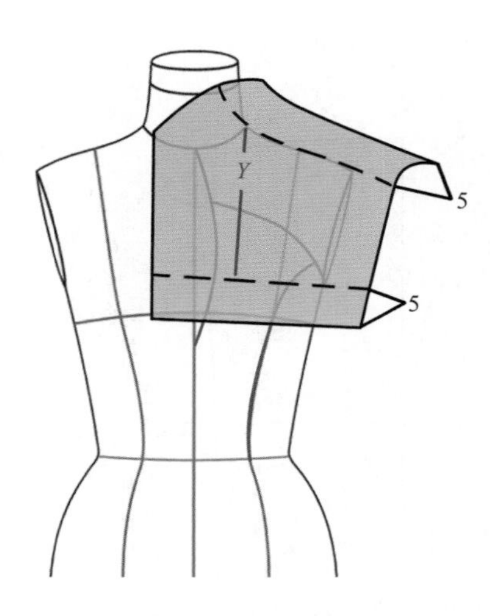

图3-92　A布片纵向取布

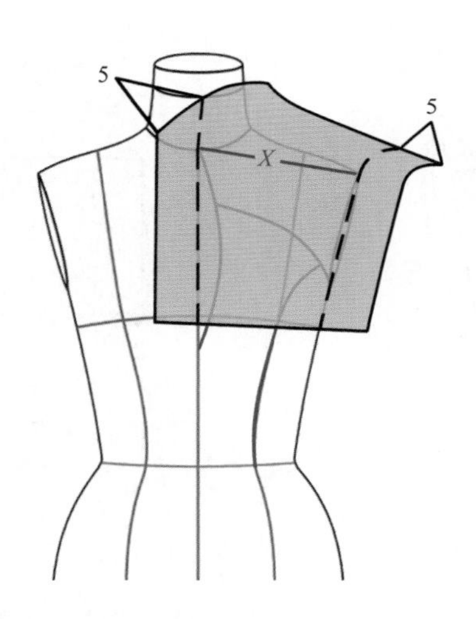

图3-93　A布片横向取布

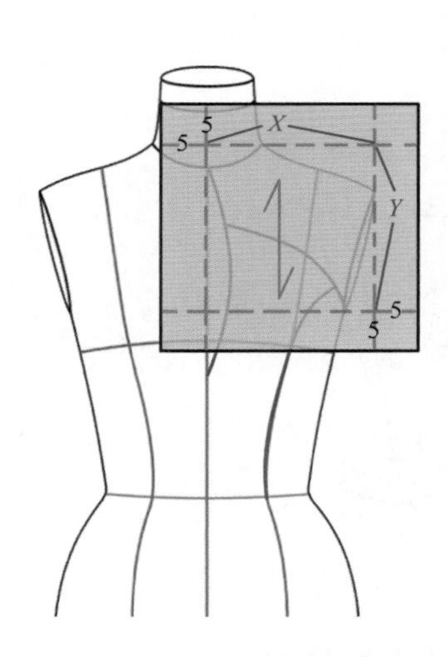

图3-94　A布片取布整体示意图

2. B布片取布

（1）布纹方向为经向（直纱）。

（2）如图3-95所示，纵向长度=B片分割线最高点至腰围线的长度+10cm，即Y+10cm。

（3）如图3-96所示，横向宽度=X+10cm。

（4）取布整体示意图，如图3-97所示。

3. C布片取布

（1）布纹方向为经向（直纱）。

（2）如图3-98所示，纵向长度=C片分割线最高点至腰围线的长度+10cm，即Y+10cm。

（3）如图3-99所示，横向宽度=X+10cm。

（4）取布整体示意图，如图3-100所示。

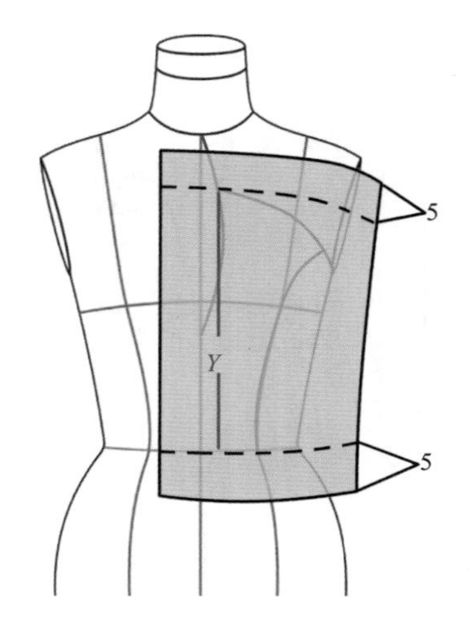

图3-95　B布片纵向取布

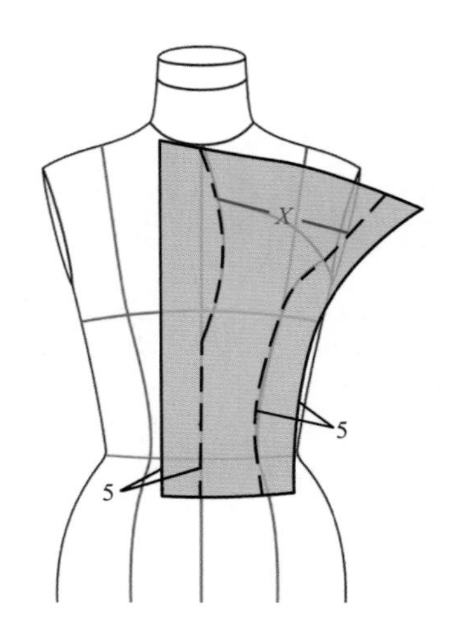

图3-96　B布片横向取布

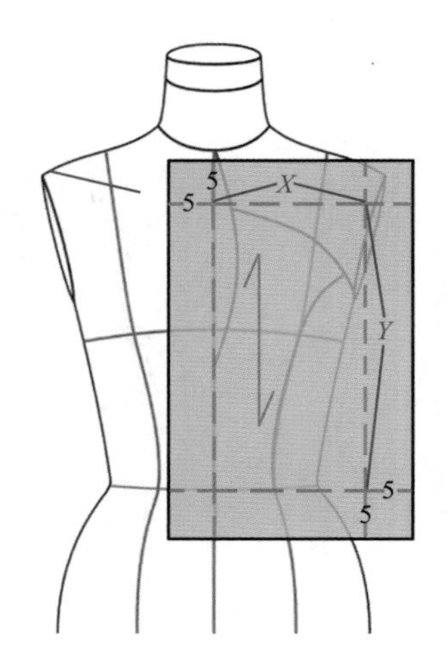

图3-97　B布片取布整体示意图

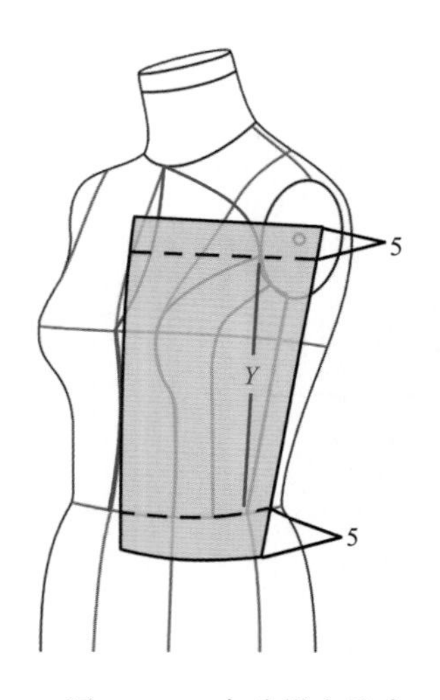

图3-98　C布片纵向取布

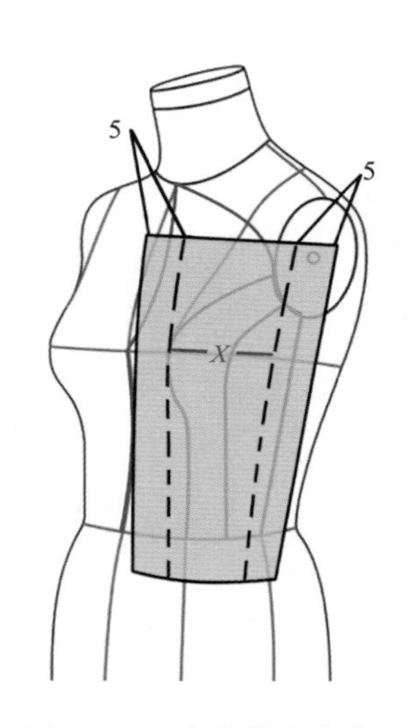

图3-99　C布片横向取布

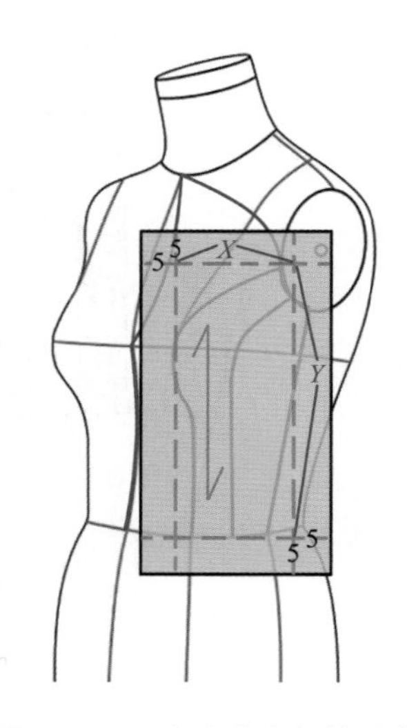

图3-100　C布片取布整体示意图

4. D**布片取布**

（1）布纹方向为经向（直纱）。

（2）如图3-101所示，纵向长度=腋下至腰围线的长度+10cm，即Y+10cm。

（3）如图3-102所示，横向宽度=X+10cm。

（4）取布整体示意图，如图3-103所示。

（三）A布片覆布、推布、粗裁

将白坯布上画的前中线与人台前中线重合，用大头针固定（图3-104）。将坯布沿领口、肩线将布料推平服，参考人台的分割标识线在坯布上画出标记。按标识线将A布片多余的坯布进行粗裁，同时在领口、袖窿处打适量剪口，以保证衣身的平顺（图3-105）。

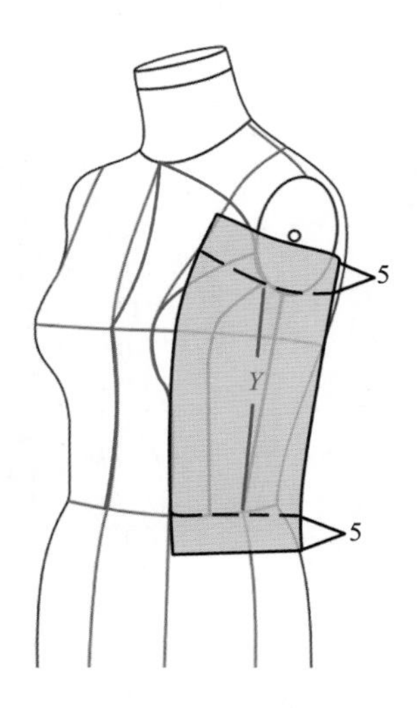

图3-101　D布片纵向取布

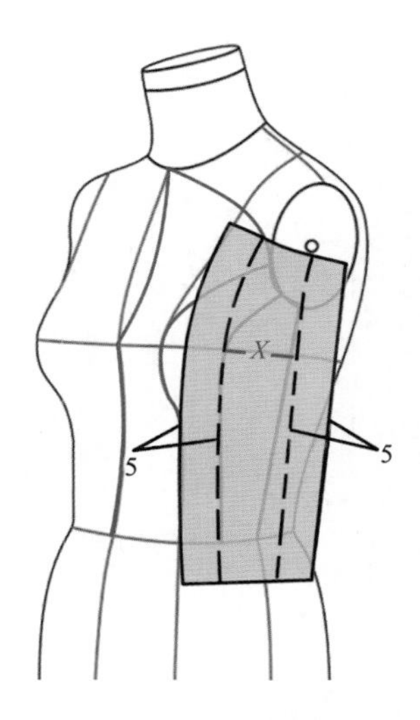

图3-102　D布片横向取布

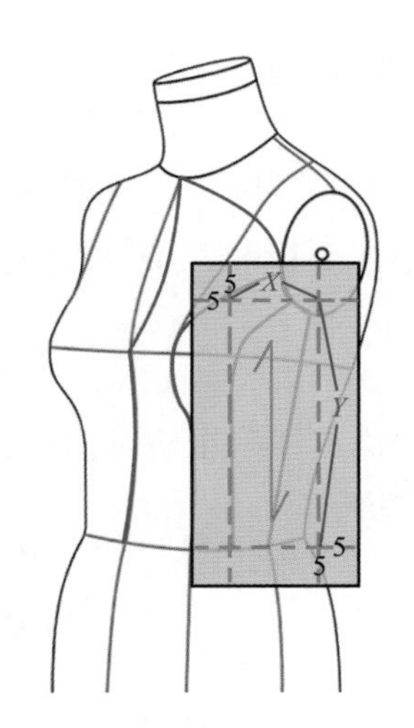

图3-103　D布片取布整体示意图

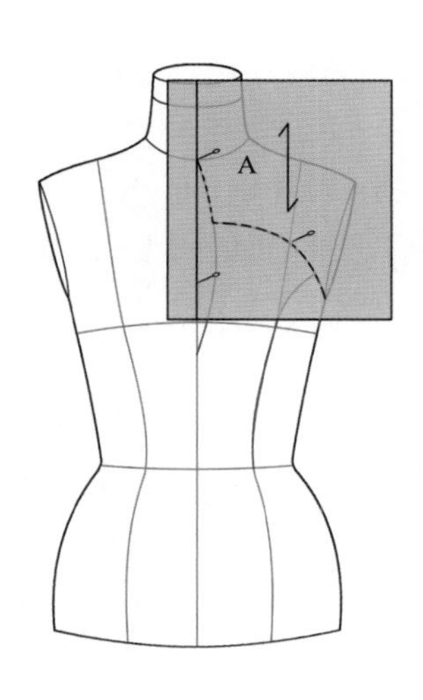

图3-104　A布片覆布

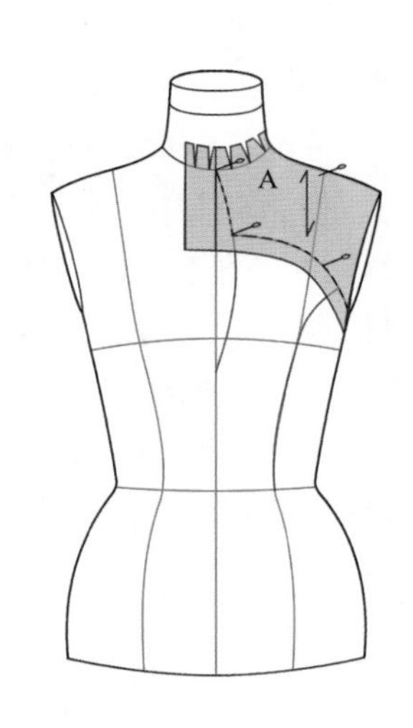

图3-105　A布片推布、粗裁

（四）B布片覆布、推布、粗裁

将白坯布上画的前中线与人台上的前中线重合，用大头针固定。按箭头方向将布料推平服，参考人台的分割标识线在坯布上画出标记（图3-106）。按标识线将B布片多余的坯布进行粗裁，同时在竖向分割线处打适量剪口，以保证衣身的平顺（图3-107）。

（五）C布片覆布、推布、粗裁

将白坯布上画的胸围线与人台上的胸围线重合，用大头针固定。按箭头方向将布料推平服，参考人台的分割标识线在白坯布上画出标记。按标识线将C布片多余的白坯布进行粗裁，同时在竖向分割线处打适量剪口，以保证衣身的平顺（图3-108）。

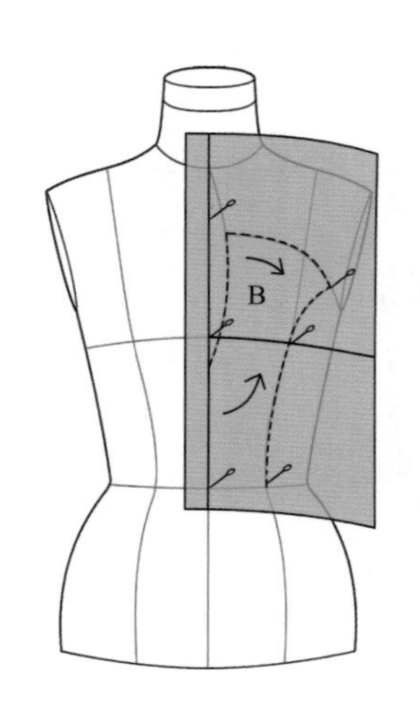

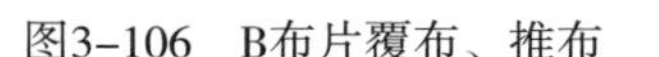
图3-106　B布片覆布、推布

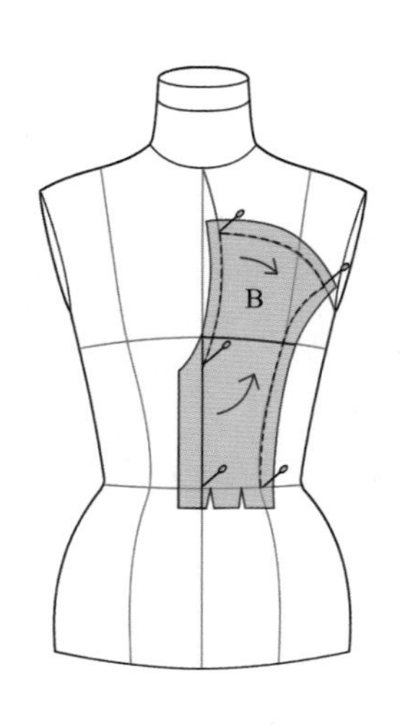

图3-107　B布片粗裁

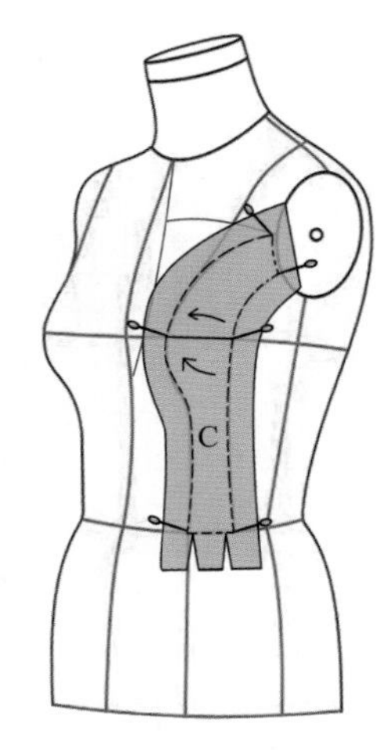

图3-108　C布片覆布、推布、粗裁

（六）D布片覆布、推布、粗裁

如图3-109所示，参照C布片的立体裁剪操作方法，完成D布片的立体裁剪制作。

（七）假缝、描点标记

如图3-110、图3-111所示，将A布片、B布片、C布片与D布片用大头针固定，修剪掉多余布料，参考人台的标识线在坯布上描点做标记。注意分割部位的描点要精确，要做好相关对位点，方便拓板。

（八）拓板

如图3-112所示，将衣片从人台上取下，平铺于平台上，根据“描点线”精确画出标记线并加放1cm宽的缝份，修剪掉多余的量，做纸样平面修正，获得最终纸样。

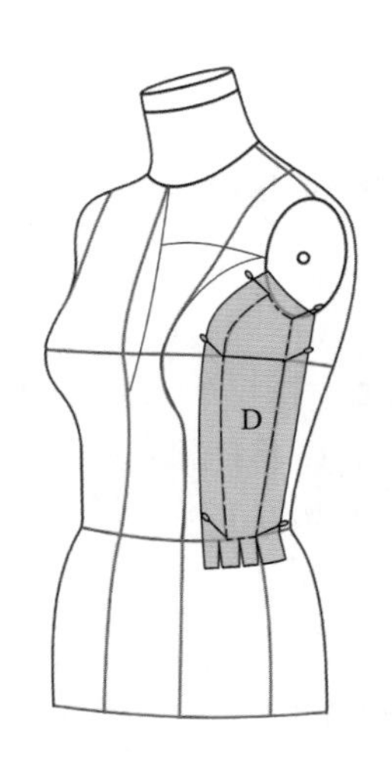

图3-109　D布片覆布、推布、粗裁

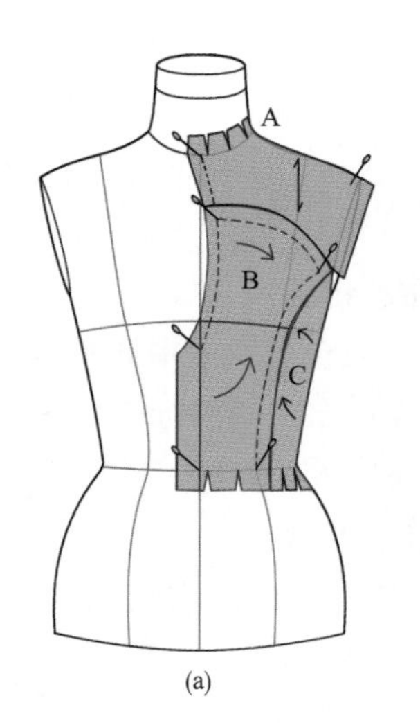

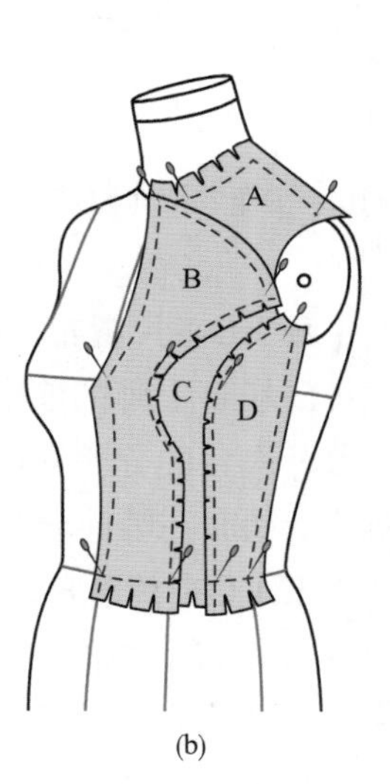

图3-110　描点标记

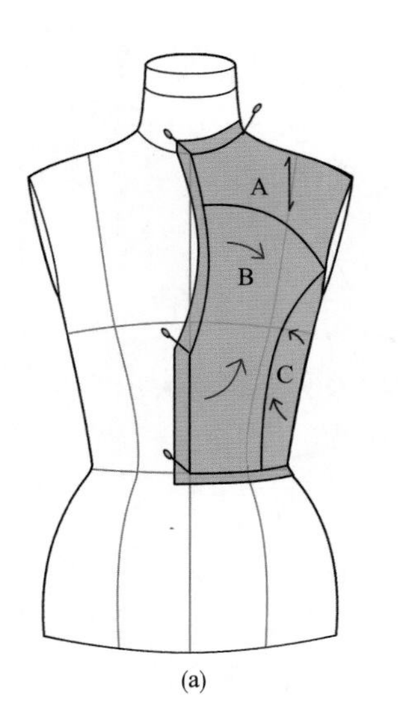

(a)

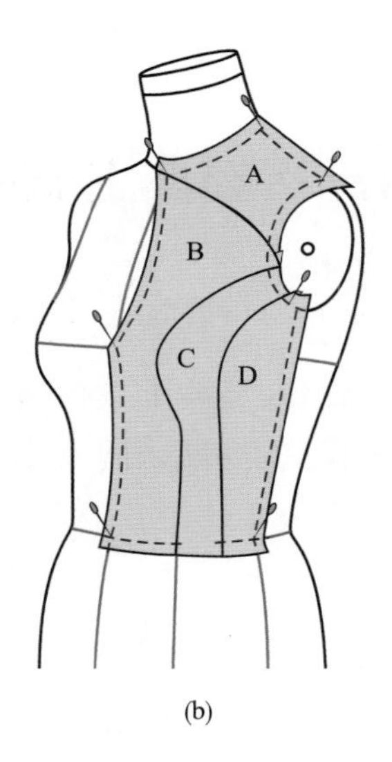

(b)

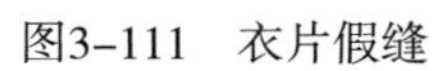

图3-111　衣片假缝

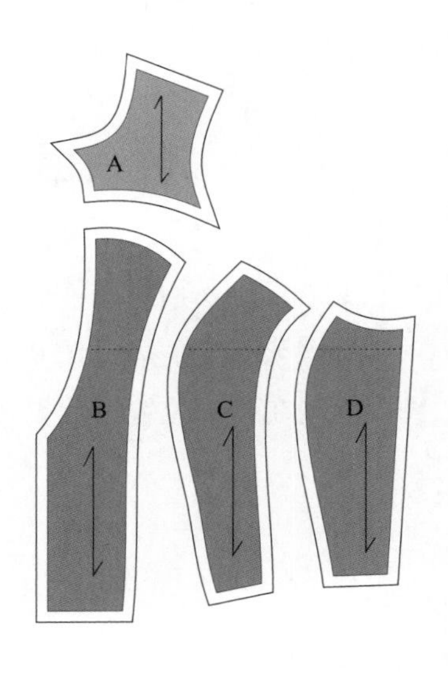

图3-112　拓板

第八节　领口碎褶经典上衣的立体裁剪

一、款式造型分析

如图3–113所示，这是一款领口碎褶的经典上衣。通过省道转移将余量转换成褶的形式，体现在领口位置。此类转省为褶的做法也可运用于服装其他部位的设计。

图3–113　款式图

二、立体裁剪制作

（一）取布

（1）纵向长度：从侧颈点经BP点至腰围线定为纵向净样长度，上下两端各预留5cm，作为立体裁剪操作损耗量，即纵向长度=Y+10cm（图3–114）。

（2）横向宽度：从前中线沿胸围线至侧缝线定为横向净样宽度，左右两端各预留5cm，作为立体裁剪操作损耗量，即横向宽度=X+10cm（图3–115）。

（3）布纹方向为经向，在布片上用褪色笔画出前中线和胸围线（图3–116）。

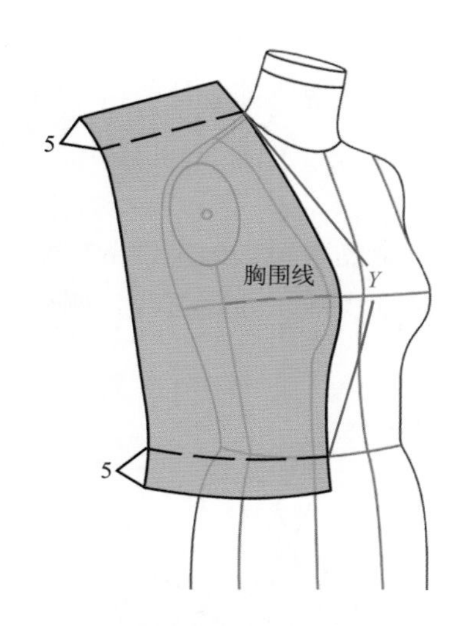

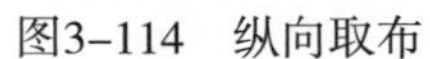
图3-114　纵向取布

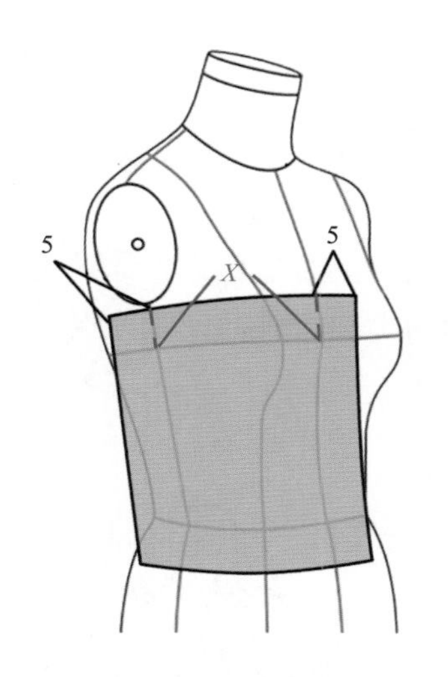

图3-115　横向取布

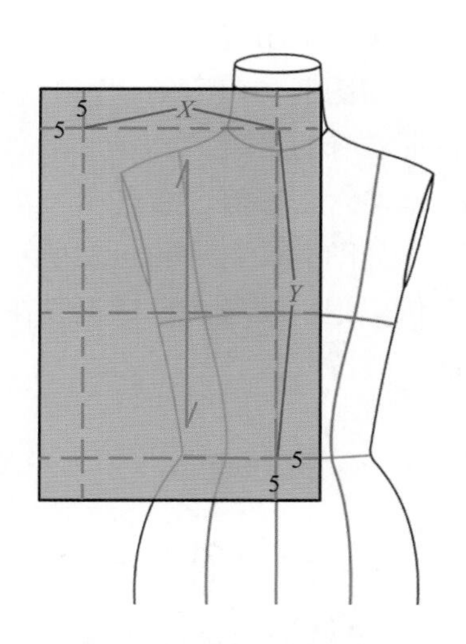

图3-116　取布整体示意图

（二）覆布

如图3-117所示，将白坯布上画的前中线、胸围线与人台上的基准线重合，用大头针固定。

（三）推布

如图3-118所示，按箭头方向，将胸围线以下的余量向胸围线上方推移，把白坯布的余量集中于领口并规律打褶。

（四）做领口造型

如图3-119所示，保持胸围线以下白坯布平服，将领口的余量做造型调整，使褶皱分布均匀，并在下摆处打剪口，保持衣身的平顺。

图3-117　覆布

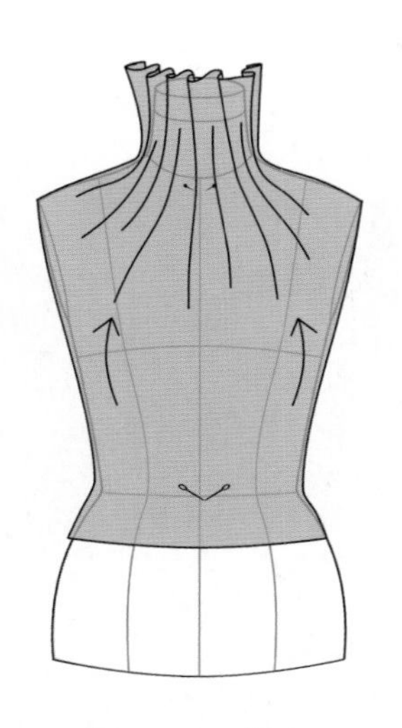

图3-118　推布

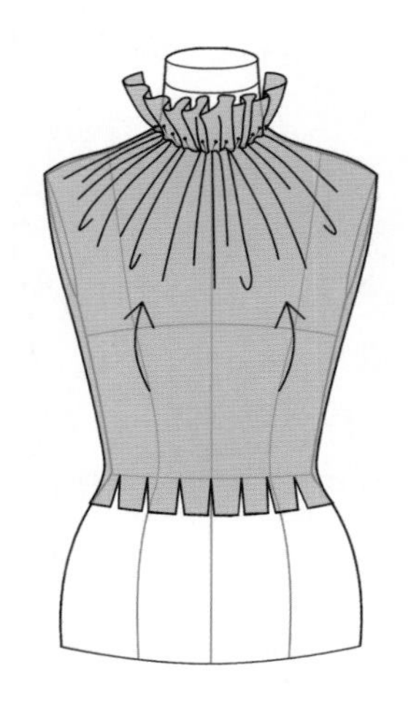

图3-119　做领口造型

（五）粗裁

如图3–120所示，将领口及袖窿处的多余布料进行粗裁，同时在袖窿处打适量剪口，以保证衣身的平顺。

（六）修剪、描点

如图3–121、图3–122所示，完成初步造型后整体观察，修剪多余的布料，确定领部褶皱对位标记，参考人台标识线在布料上描点画标记。描点标记部位包括肩线、袖窿弧线、侧缝线、腰围线。

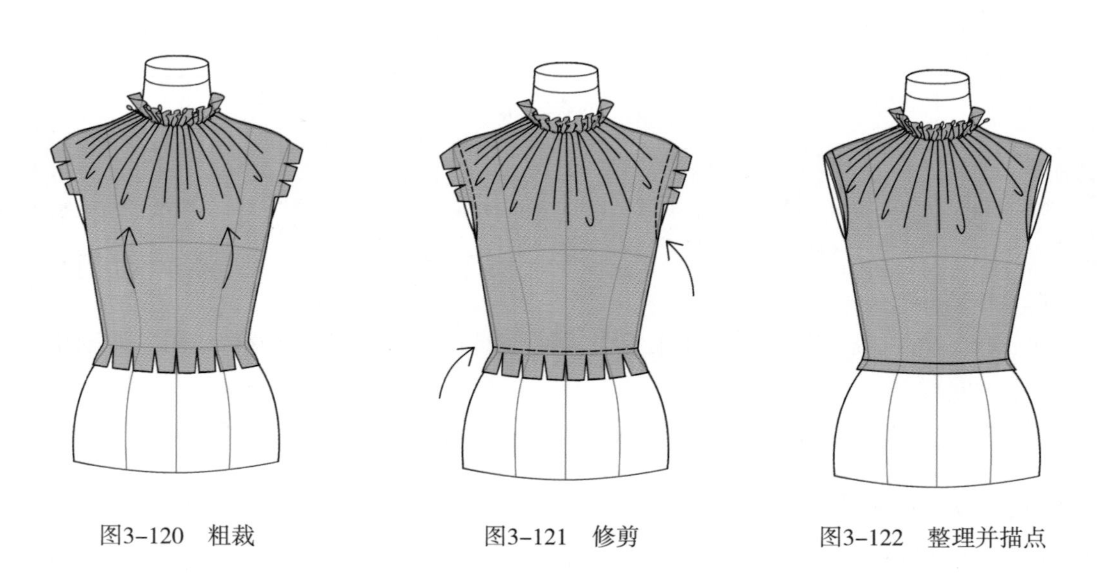

图3–120　粗裁　　图3–121　修剪　　图3–122　整理并描点

（七）拓板

如图3–123所示，将衣片从人台上取下，平铺于平台上，根据“描点线”精确画出标记线并加放1cm宽的缝份，修剪掉多余的量，做纸样平面修正，获得最终纸样。

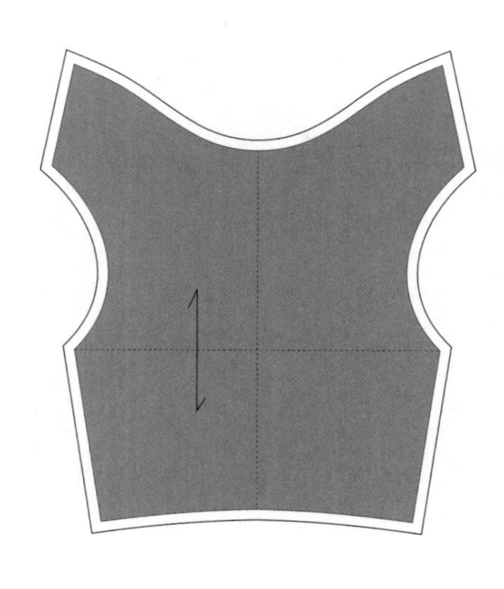

图3–123　拓板

第九节　单肩抽褶经典上衣的立体裁剪

一、款式造型分析

如图3–124所示，这是一款单肩抽褶的经典上衣。此款式是省道转移与抽褶结合的造型设计，操作时将余量推向肩部，再分别将余量向需要造型的位置集中。此类转省为褶的做法可运用于礼服设计。

图3–124　款式图

二、立体裁剪制作

（一）人台准备

如图3–125所示，在人台上用标识带贴出肩部造型的位置。

（二）取布

（1）纵向长度：从侧颈点经BP点至腰围线定为纵向净样长度，上下两端各预留5cm，作为立体裁剪操作损耗量，即纵向长度=Y+10cm（图3–126）。

（2）横向宽度：从前中线沿胸围线至侧缝线定为横向净样宽度，左右两端各预留5cm，作为立体裁剪操作损耗量，即横向宽度=X+10cm（图3–127）。

（3）布纹方向为经向，在布片上用褪色笔画出前中线和胸围线（图3-128）。

图3-125　贴标识带

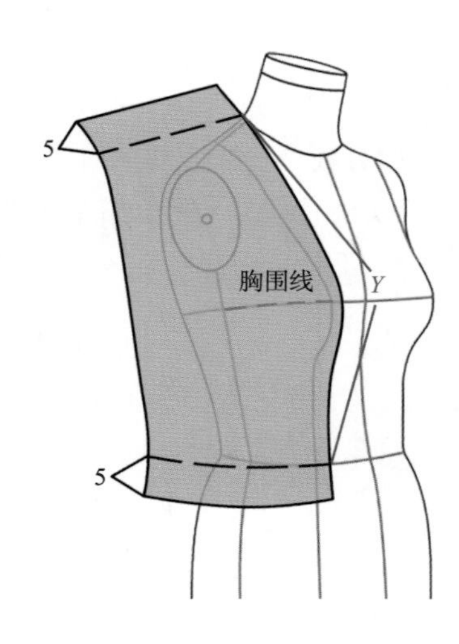

图3-126　纵向取布

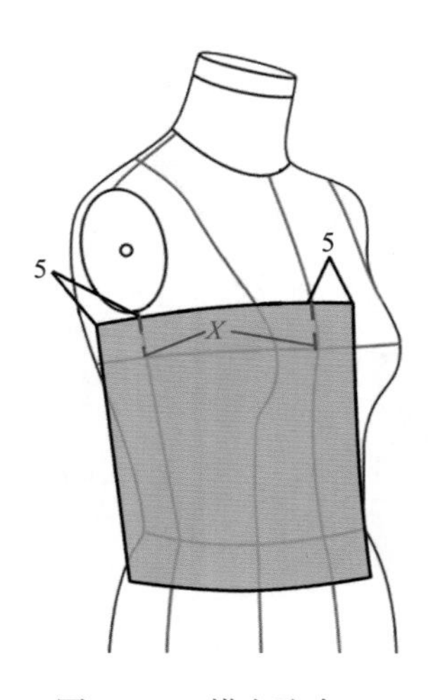

图3-127　横向取布

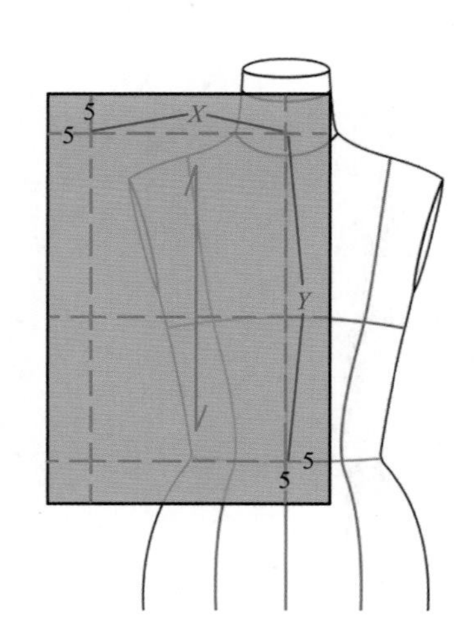

图3-128　画线

（三）覆布

如图3-129所示，将白坯布上画的前中线、胸围线与人台上的基准线重合，用大头针固定。根据标识线将省位进行剪切，以便于抽褶操作（图3-130）。

（四）推布打褶

如图3-131所示，将白坯布松量按箭头的方向推移，在切口处集中，整理好褶量并固定，同时将多余布料粗裁，根据造型线做好标记，并在下摆处打剪口。如图3-132所示，将左下方余量向左上方推移至右肩部，根据造型线画出标记。

（五）修剪、描点

如图3-133所示，调整肩部造型，整理好褶量，并用大头针固定，同时将多余布料进行粗裁，根据造型线做好标记。参考人台标识线在坯布上描点并画标记线。描点标记部位包括侧缝线、腰线、褶皱对位标记。

（六）拓板

如图3-134所示，将衣片从人台上取下，平铺于平台上，根据“描点线”精确画出标记线并加放1cm宽的缝份，修剪掉多余的量，做纸样平面修正，获得最终纸样。

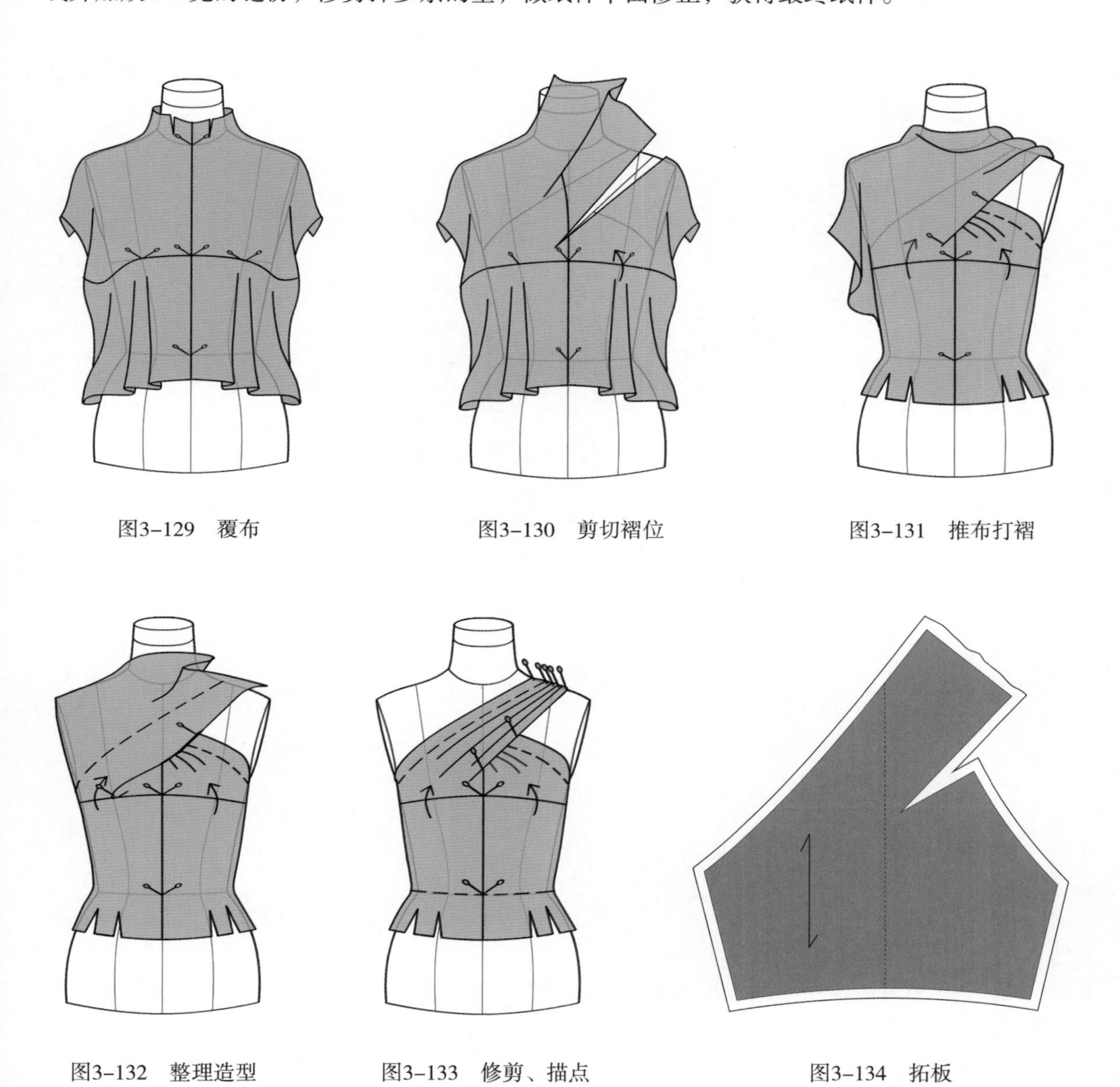

图3-129　覆布

图3-130　剪切褶位

图3-131　推布打褶

图3-132　整理造型

图3-133　修剪、描点

图3-134　拓板

第十节　分割抽褶经典上衣的立体裁剪

一、款式造型分析

如图3-135所示，这是一款分割抽褶的经典上衣。此款式是省道转移与打褶结合的造型设计，操作时将余量推向肩部，再分别将余量向需要造型的位置集中。此类转省为褶的做法可运用于礼服设计。

图3-135　款式图

二、立体裁剪制作

（一）人台准备

如图3-136所示，在人台上用标识带贴出分割褶造型的位置。因此款式为对称款式，故只需贴出一侧位置。

（二）取布

1. 前中片取布

（1）纵向长度：从侧颈点经BP点至腰围线定为纵向净样长度，上下两端各预留5cm，作为立体裁剪操作损耗量，即纵向长度=Y+10cm（图3-137）。

（2）横向宽度：从前中线沿胸围线至分割线最右端定为横向净样宽度，左右两端各预留5cm，作为立体裁剪操作损耗量，即横向宽度=X+10cm（图3-138）。

（3）布纹方向为经向，取布整体示意如图3-139所示。

2. **前侧片取布**

（1）纵向长度：如图3-140所示，纵向长度=前侧（贴标识线部分）的纵向长度+褶皱预留量。

（2）横向宽度：如图3-141所示，横向宽度=前侧（贴标识线部分）的横向宽度+立体裁剪操作损耗量。

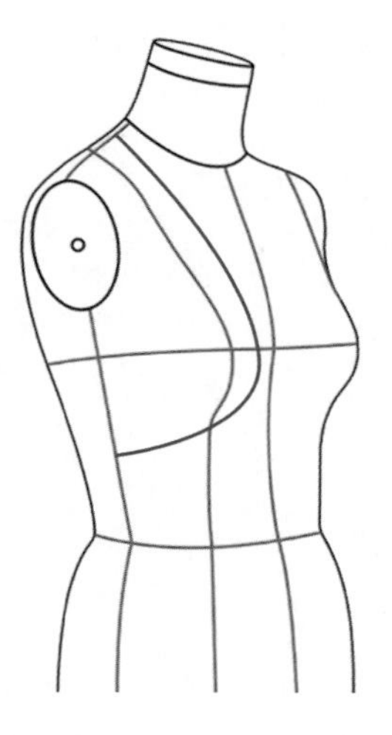

图3-136　贴标识线

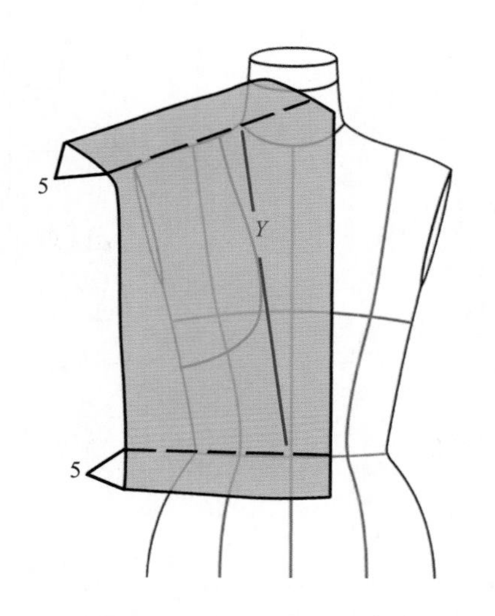

图3-137　前中片纵向取布

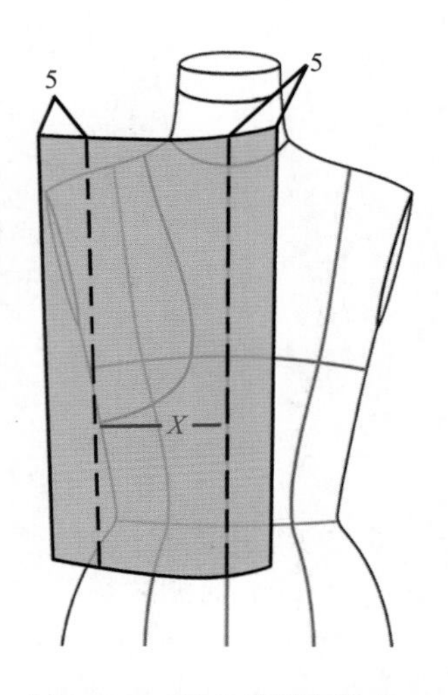

图3-138　前中片横向取布

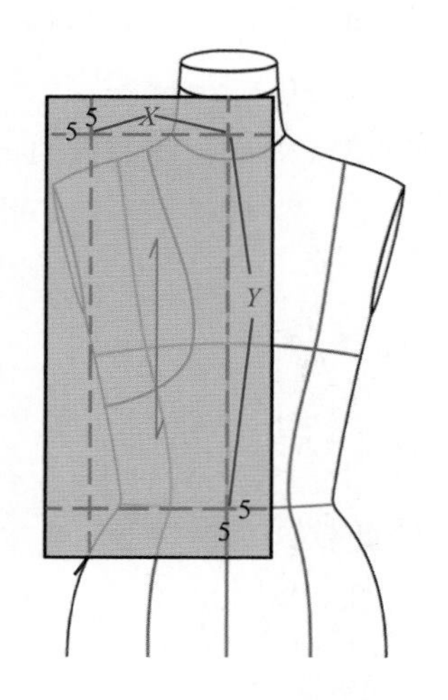

图3-139　前中片取布整体示意图

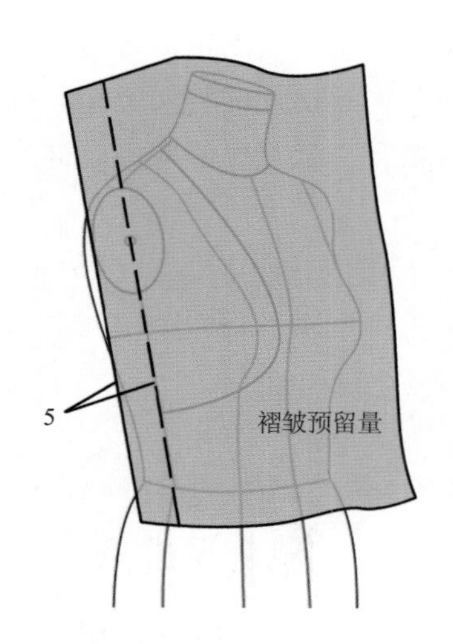

图3-140　前侧片纵向取布

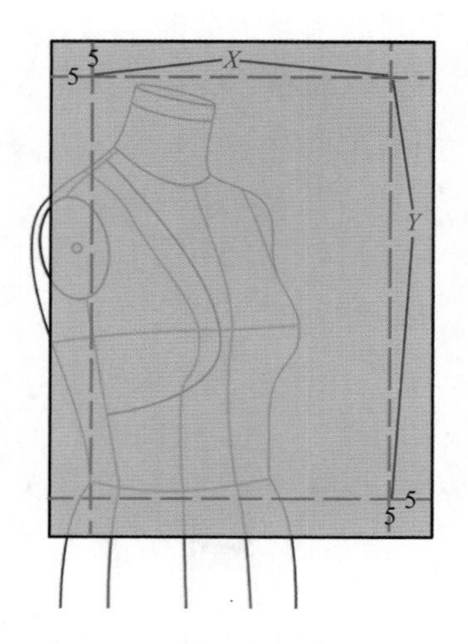

图3-141　前侧片横向取布

（三）前中片覆布

如图3-142所示，将白坯布上画的前中线、胸围线与人台上的基准线重合，用大头针固定。

（四）前中片推布、标记、修剪

如图3-143所示，将坯布松量按箭头方向推移，把布料向侧缝处推平顺，参考人台分割线在坯布上画出对应标记，修剪多余布料，在适当处打剪口。

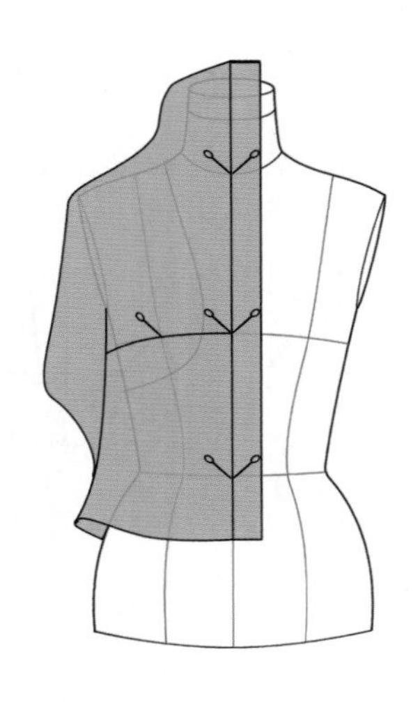

图3-142　前中片覆布

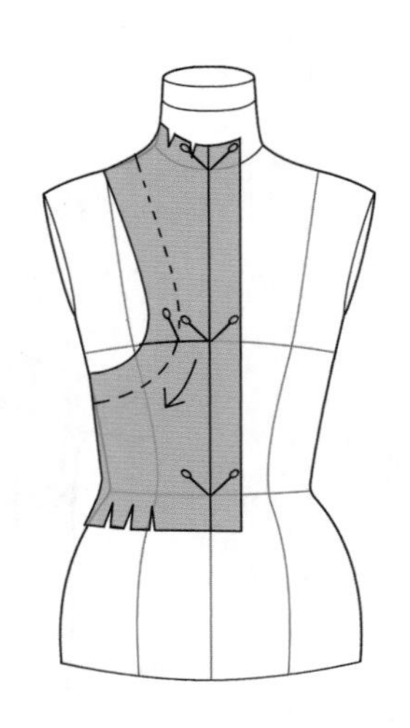

图3-143　前中片推布、标记、修剪

（五）前侧片覆布

如图3-144所示，将白坯布上画的胸围线与人台上的基准线重合，用大头针固定。

（六）前侧片推布、打褶、修剪

如图3-145所示，初步修剪袖窿处，将左边的预留布料均匀地转向分割线处，并根据设计进行褶量的分配。修剪时注意，要留有一定量的缝份，将余量进行初步整理，将初步整理好的褶量按设计要求调整，操作时注意褶量的均匀分布，确定最终效果后用大头针固定，同时将袖窿及侧缝处多余面料进行粗裁。根据分割线做好标记，将多余布料粗裁，注意留有一定量的缝份（图3-146）。

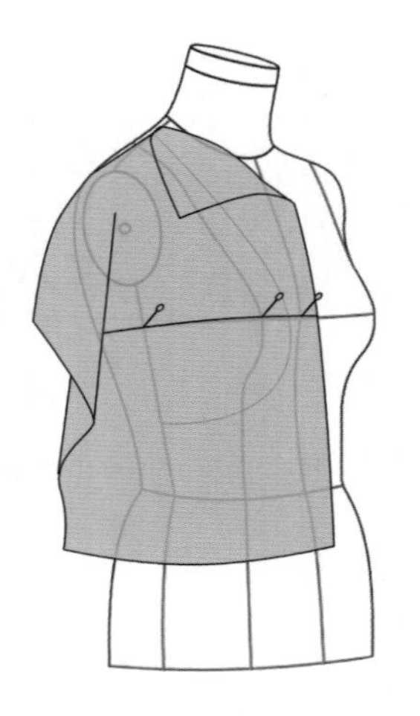

图3-144　前侧片覆布

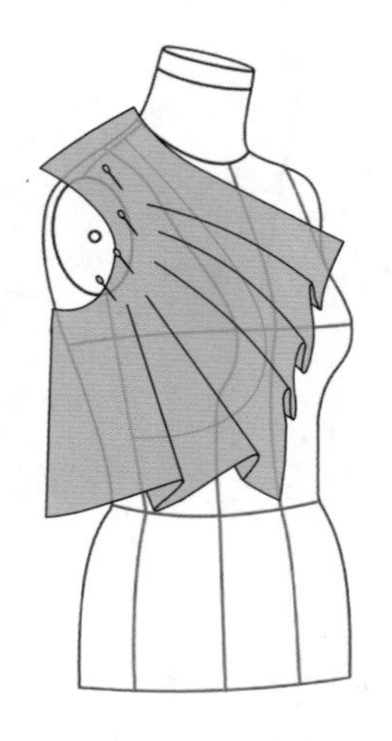

图3-145　前侧片推布

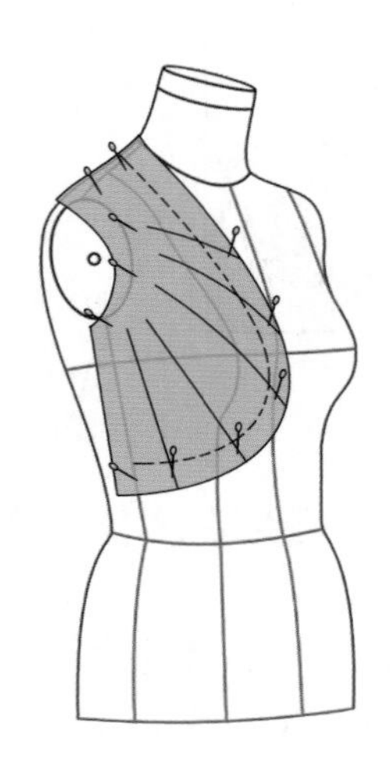

图3-146　修剪

将前中片与前侧片按标识线在人台上假缝，参考人台标识线在坯布上描点画标记线，如图3-147、图3-148所示。画标记的部位包括领围线、肩线、侧缝线、腰围线等，并确定褶皱的对位标记。

（七）拓板

如图3-149所示，将衣片从人台上取下，平铺于平台上，根据“描点线”精确画出标记线并加放1cm宽的缝份，修剪掉多余的量，做纸样平面修正，获得最终纸样。

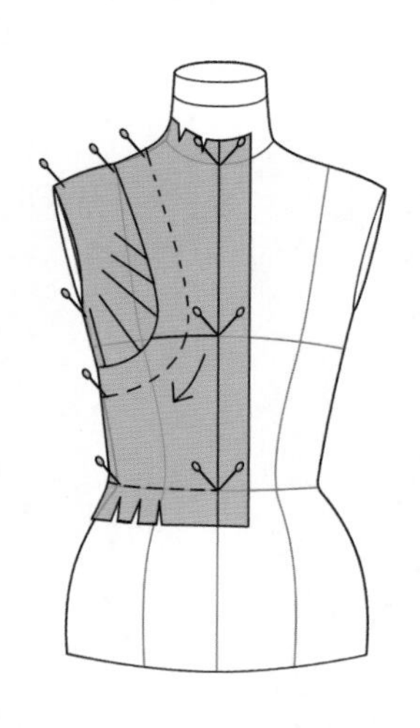

图3-147　描点标记

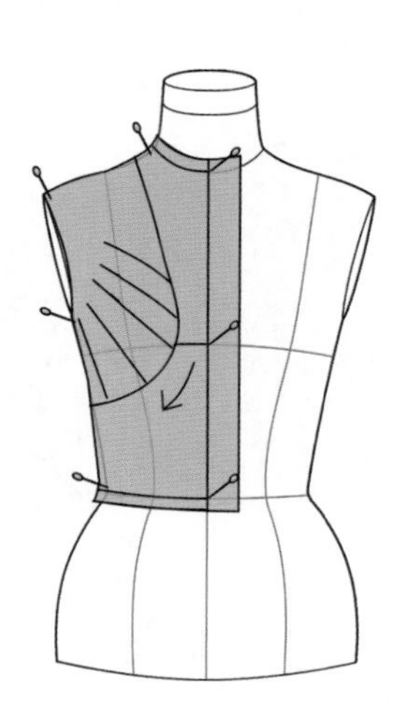

图3-148　假缝

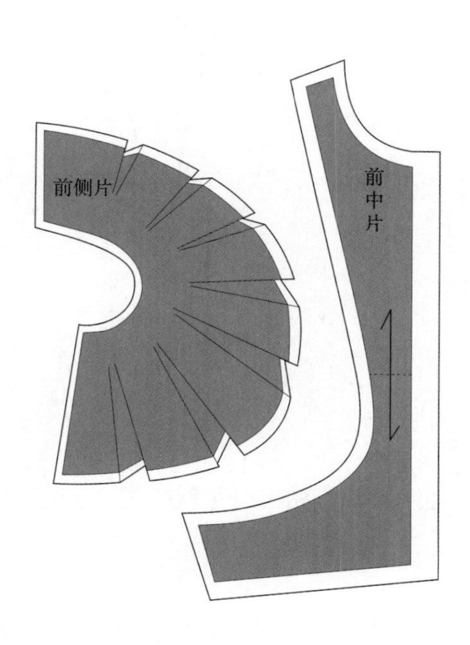

图3-149　拓板

第十一节　胸前抽褶经典上衣的立体裁剪

一、款式造型分析

如图3-150所示，这是一款胸前抽褶的经典上衣。此款是公主线分割与抽褶结合的造型设计，通过公主线分割，将余量推向分割线，再形成横向的不规则褶。此类胸前抽褶的做法可运用于礼服设计。

图3-150　款式图

二、立体裁剪制作

（一）人台准备

如图3-151所示，在人台上用标识带贴出公主线位置，初定横向抽褶造型的位置。

（二）取布

1. 前中片取布

（1）纵向长度：从领上口至腰节线为纵向净样长度（Y），预留“褶皱量”以及上下两端各预留5cm，作为立体裁剪操作损耗量，即纵向长度=Y+褶皱预留量+10cm（图3-152）。

（2）横向宽度：前中横向最宽的距离（X）为净样宽度，左右两端各预留5cm，作为立体裁剪操作损耗量，即横向宽度=X+10cm（图3-153）。

（3）布纹方向为经向，前中片取布整体示意图如图3-154所示。

2. **前侧片取布**

（1）纵向长度：从肩线沿分割线至腰围线定为纵向净样长度，上下两端各预留5cm，作为立体裁剪操作损耗量，即纵向长度=Y+10cm（图3-155）。

图3-151　贴标识线

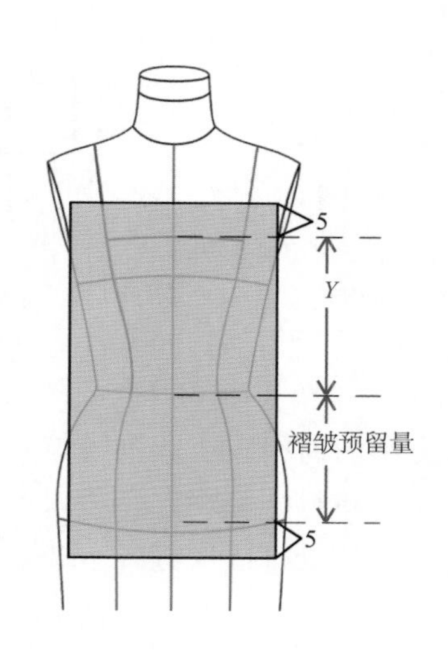

图3-152　前中片纵向取布

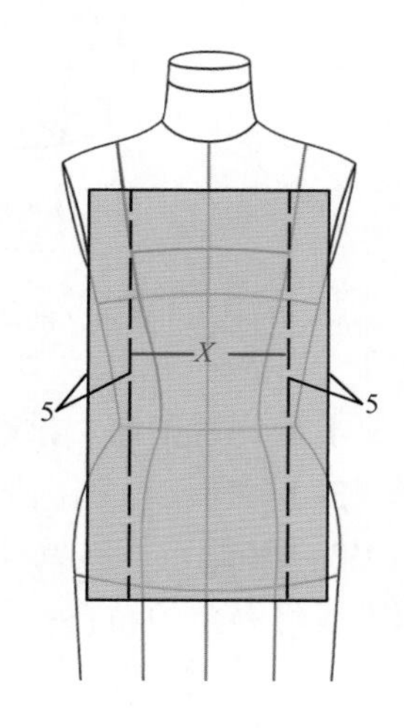

图3-153　前中片横向取布

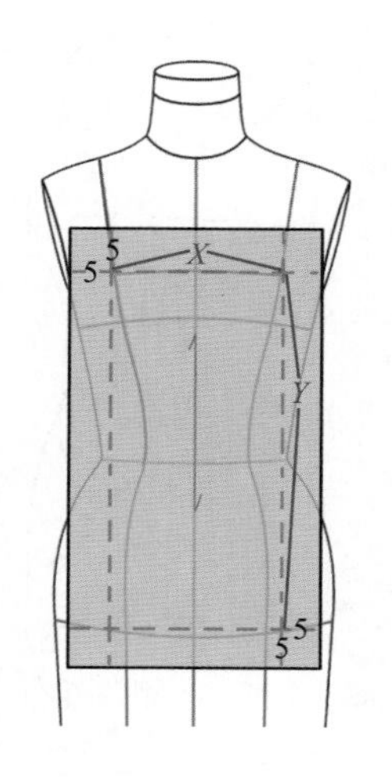

图3-154　前中片取布整体示意图

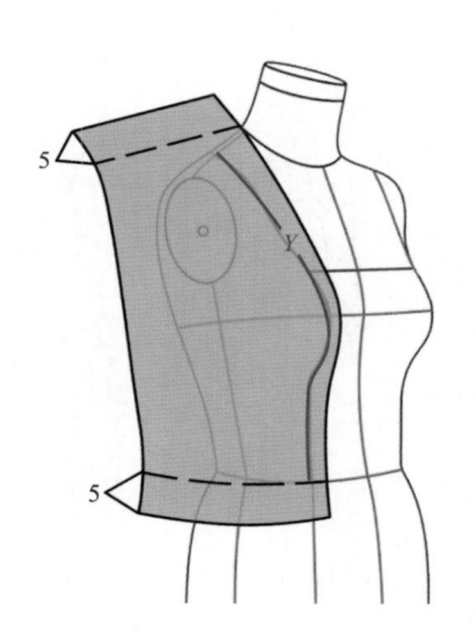

图3-155　前侧片纵向取布

（2）横向宽度：从分割线沿胸围线至侧缝线定为横向净样宽度，左右两端各预留5cm，作为立体裁剪操作损耗量，即横向宽度=X+10cm（图3-156）。

（3）布纹方向为经向，取布整体示意图如图3-157所示。

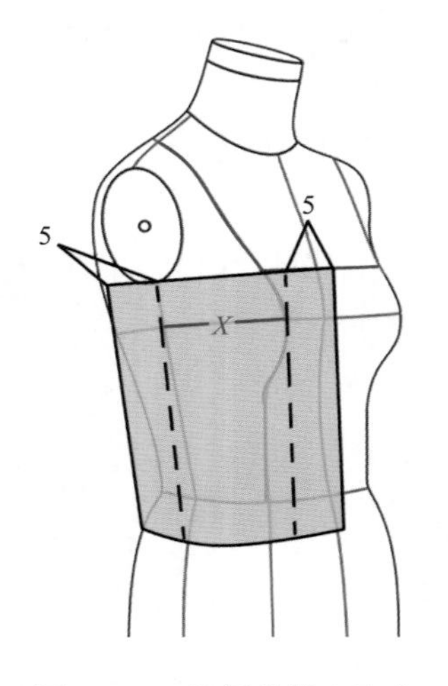

图3-156　前侧片横向取布

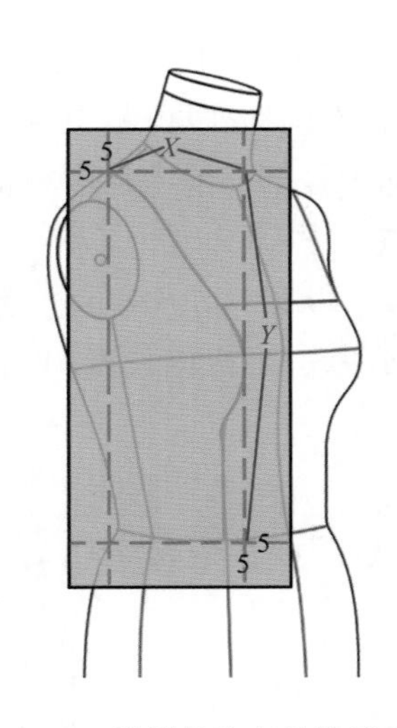

图3-157　前侧片取布整体示意图

（三）前侧片覆布、推布

如图3-158所示，将白坯布上画的前中线、胸围线与人台上的基准线重合，用大头针固定。如图3-159所示，按箭头方向将布料推平顺，参考人台分割标识线在坯布上画出标记，并按标识线将多余的布料粗裁，在下摆处打适量剪口，以保证衣身的平顺。

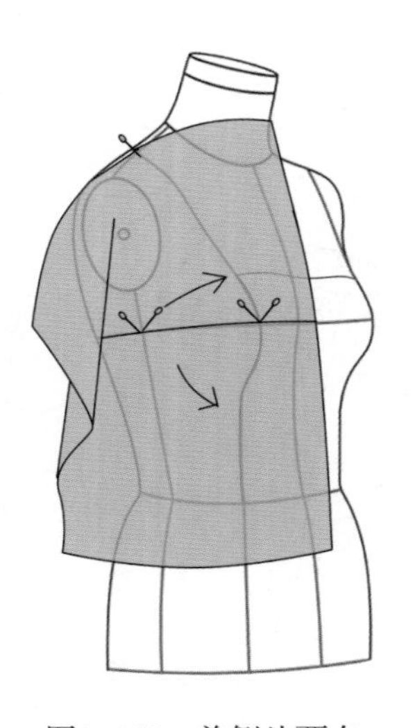

图3-158　前侧片覆布

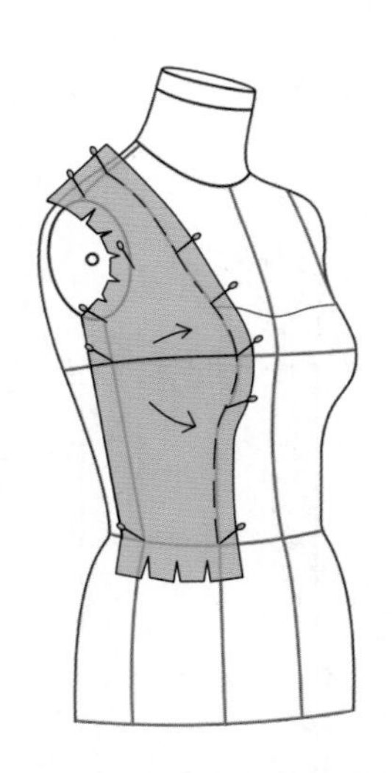

图3-159　前侧片推布

（四）制作另一边

如图3-160所示，参考左侧片操作步骤完成右侧片，操作时注意两片应保持对称，同时对多余布料进行粗裁。

（五）前中片造型制作

如图3-161所示，将裁好的用于缩褶的白坯布覆盖于人台的前中造型部位上，进行缩褶处理，操作时注意将布料上口的毛边内折，以保持外观造型的平服，同时按设计要求调整褶量，注意褶量均匀分布，确定褶的造型后，用大头针固定。关于褶的形态，设计者也可自行设计其横向褶的大小、方向。

（六）假缝、标记、修剪

如图3-162所示，将裁好的前侧片、前中片覆盖于人台上，参考人台的标识线、分割线，在坯布上画出标记，并将多余的布料修剪，在适当处打剪口。标记部位包括肩线、侧缝线、腰围线、公主线。

（七）拓板

将衣片从人台上取下，平铺于平台上，根据“描点线”精确画出标记线并加放1cm宽的缝份，修剪掉多余的量，做纸样平面修正，最终获得纸样，如图3-163所示。

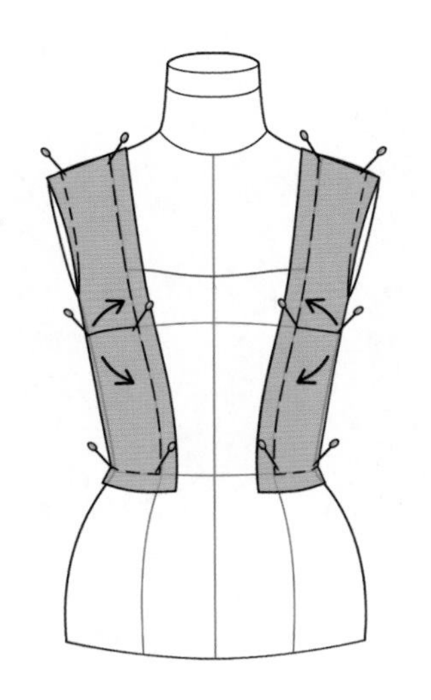

图3-160　制作另一边

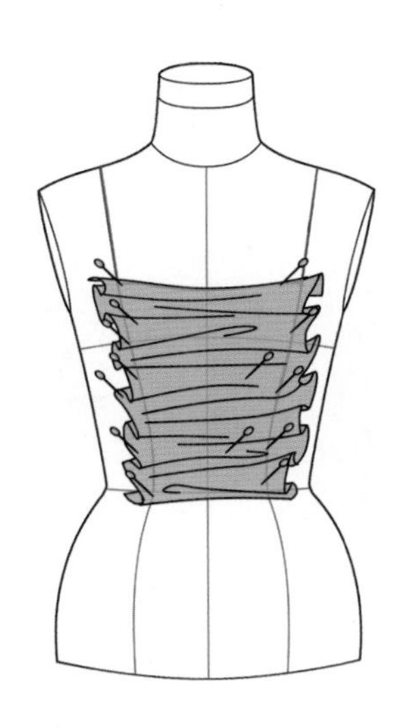

图3-161　前中片制作

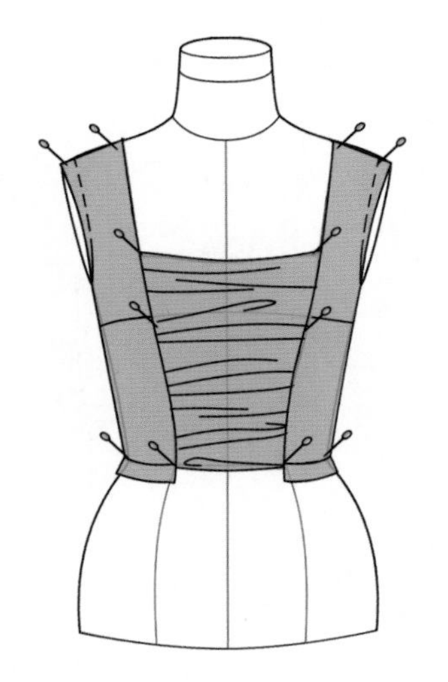

图3-162　假缝、标记、修剪

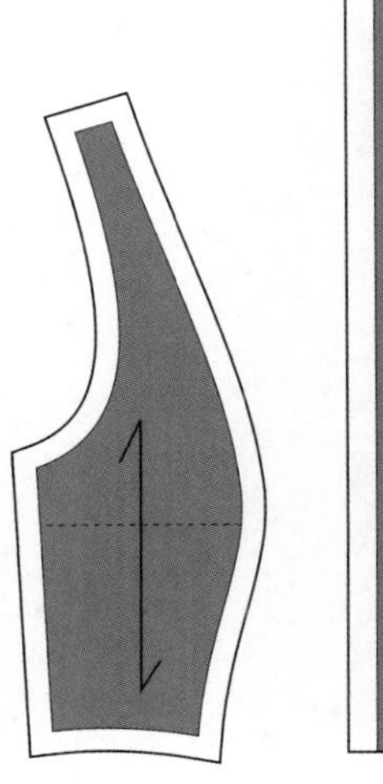

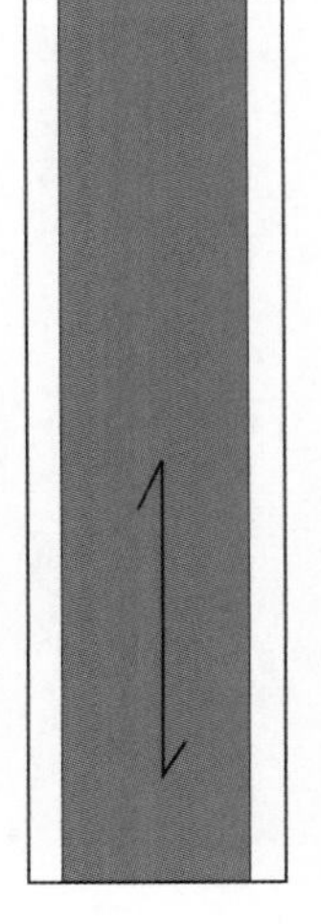

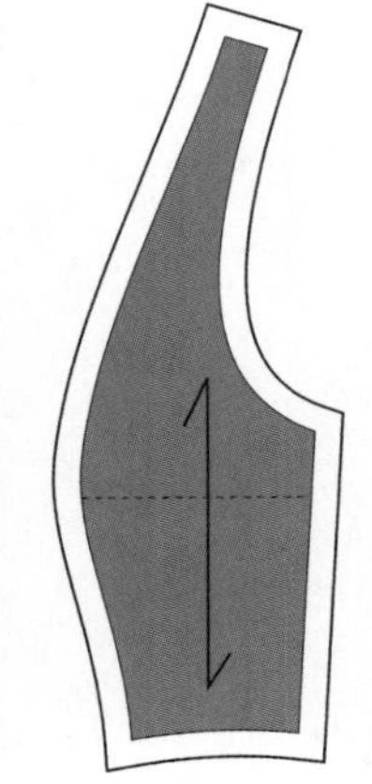

图3-163　拓板

思考与练习

1. 网络上自选10款上衣款式，完成立体裁剪操作。
2. 根据街拍照片，自选10款成衣款式，完成立体裁剪操作。
3. 参照本章内容，任选10款经典款式，完成立体裁剪全过程的详细笔记。
4. 立体裁剪完成后，描板需要注意的事项是什么？
5. 立体裁剪完成后，拓板修正时需要注意的事项是什么？

第四章 经典裙装的立体裁剪

第一节　裙装原型的立体裁剪

一、款式造型分析

作为裙装原型，直筒裙具有结构简单、造型合理、适用面广的特点。通过腰臀省的处理，使人体的曲线得到了完美体现，如图4-1所示。

图4-1　款式图

二、立体裁剪制作

（一）人台准备

如图4–2所示，用标识带将下半身的腰围线、臀围线、前中线、后中线、侧缝线贴在人台上。

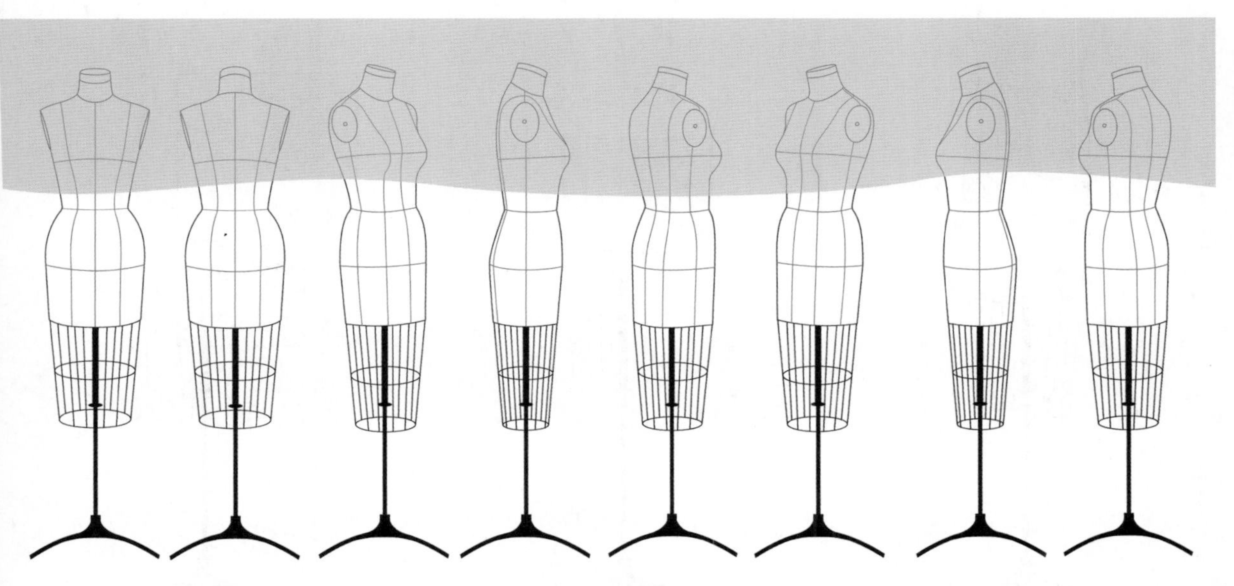

图4–2　贴标识带

（二）取布

（1）纵向长度：从腰围节线至裙长处（自定）定为纵向净样长度，上下两端各预留5cm，作为立体裁剪操作损耗量，即纵向长度=Y+10cm（图4–3）。

（2）横向宽度：从前中线沿臀围线至侧缝线定为横向净样宽度，左右两端各预留5cm，作为立体裁剪操作损耗量，即横向宽度=X+10cm（图4–4）。

（3）定点：在白坯布中画出臀围线（图4–5）。

（4）后裙片的取布方法与前裙片一致，布纹方向均为经向。

（三）前裙片覆布

如图4–6所示，将白坯布中画好的前中线、臀围线与人台上的标识线相对应，然后以交叉针法固定前中位置。如图4–7所示，将白坯布上画好的臀围线与人台上的臀围线重合，在侧缝处以交叉针法固定，白坯布在人台上形成筒状。

（四）前裙片收省

将腰部多余的量捏起做成腰省，然后修剪腰部和侧缝部位，在侧缝处定衩位（图4–8、图4–9）。

（五）前裙片拓板

如图4–10所示，将前裙片从人台上取下，平铺于平台上，根据“描点线”精确画出标记线并加放1cm宽的缝份，修剪掉多余的量，做纸样平面修正，获得最终纸样。

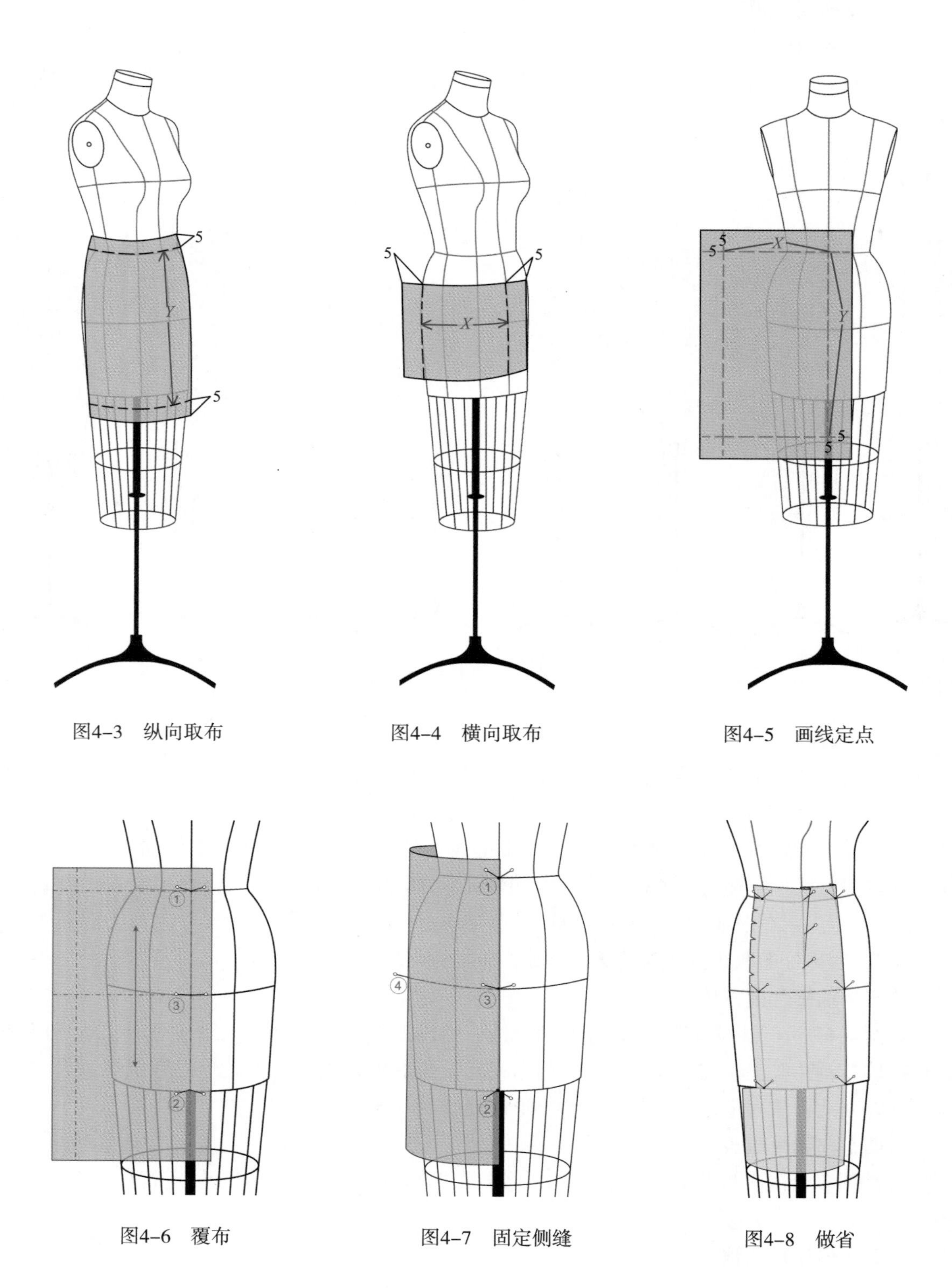

图4-3 纵向取布

图4-4 横向取布

图4-5 画线定点

图4-6 覆布

图4-7 固定侧缝

图4-8 做省

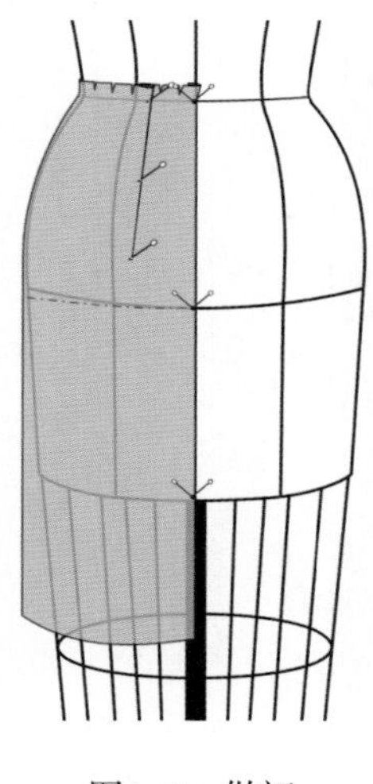

图4-9　做衬

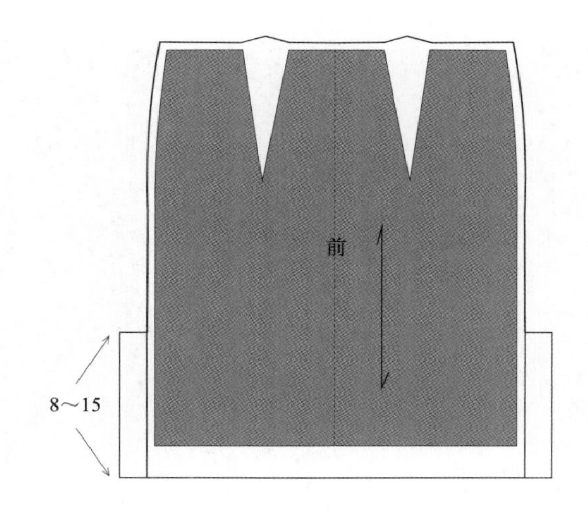

图4-10　裙前片拓板

（六）后裙片的立体裁剪制作

如图4-11所示，后裙片的立体裁剪制作与裙前片方法大体一致。将白坯布上的臀围线与人台上的臀围标记线重合，形成筒状，参照前裙片的制作方法将后裙片进行捏省、做衬操作。

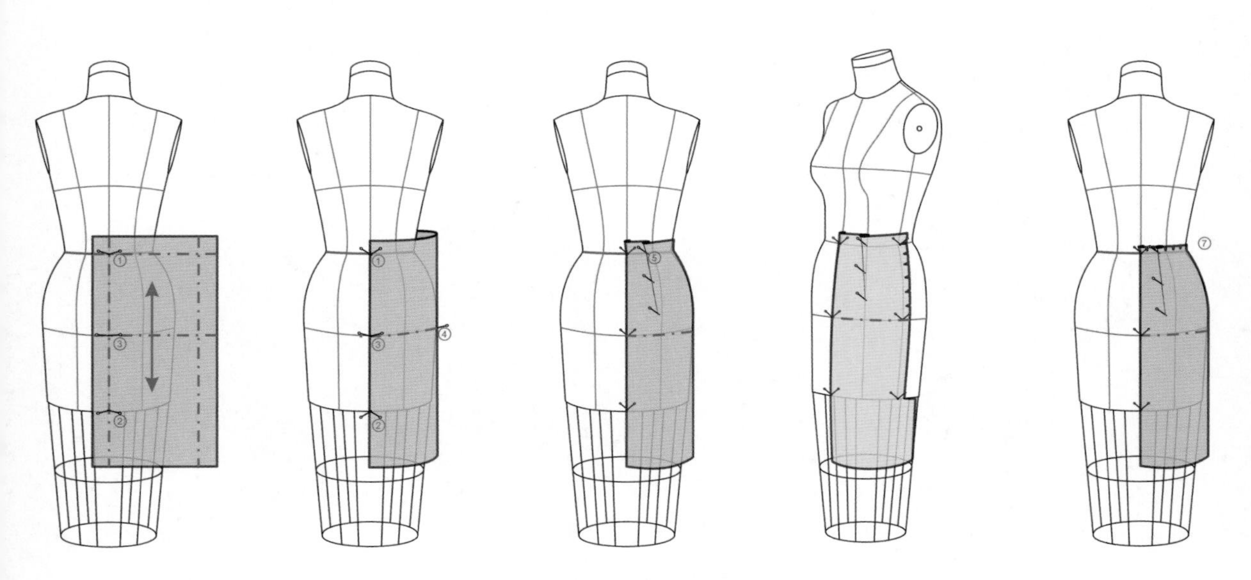

图4-11　后裙片的立体裁剪制作

（七）后裙片拓板

如图4-12所示，将后裙片从人台上取下，平铺于平台上，根据“描点线”精确画出标记线并加放1cm宽的缝份，修剪掉多余的量，做纸样平面修正，获得最终纸样。

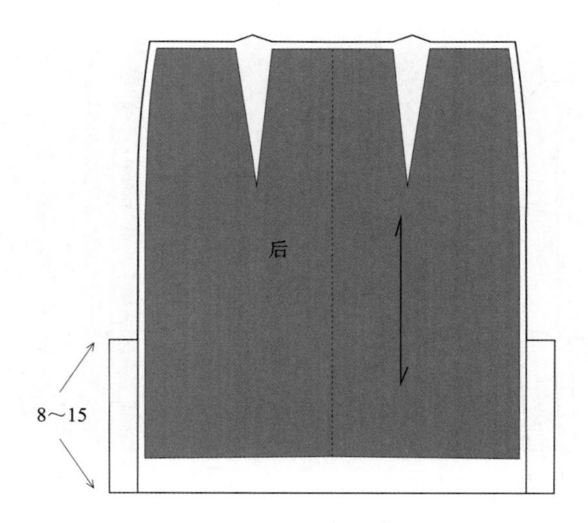

图4-12　后裙片拓板

第二节　A字裙的立体裁剪

一、款式造型分析

如图4-13所示，此款裙身呈A字形，故称为A字裙。A字裙是通过将腰部余量转移到裙摆而获得，由于布料的横丝缕下落，构成了A字廓型。摆幅适中的小A字裙是将腰围处一半的省量转移到了下摆，增大了下摆幅度。

图4-13　款式图

二、立体裁剪制作

（一）前裙片取布

（1）纵向长度：从腰节至裙长下摆线定为纵向净样长度，并提前预留“下摆预留量”，然后上下两端各预留5cm，作为立体裁剪操作损耗量，即纵向长度=Y+下摆预留量+10cm（图4–14）。

（2）横向宽度：从前中线至侧缝线定为横向净样宽度，左右两端各预留5cm，作为立体裁剪操作损耗量，即横向宽度=X+10cm（图4–15）。

（3）如图4–16所示，布纹方向为经向，在布片上用褪色笔画出臀围线。

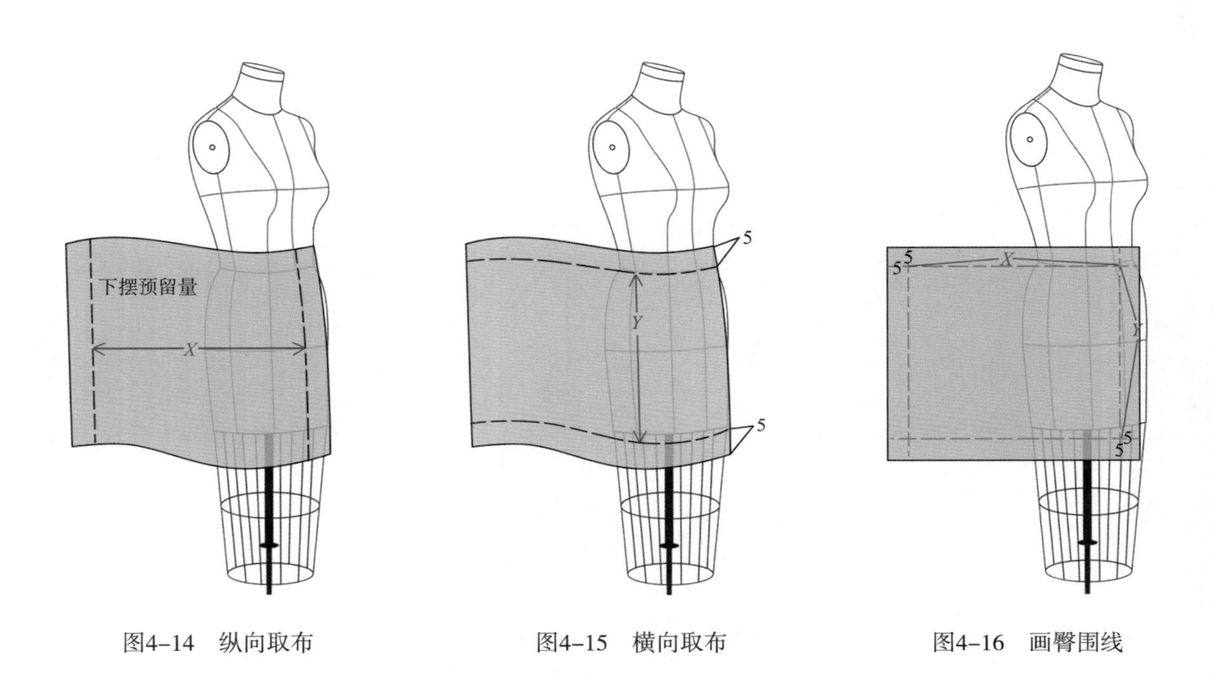

图4–14　纵向取布　　图4–15　横向取布　　图4–16　画臀围线

（二）前裙片覆布

如图4–17、图4–18所示，将白坯布上的前中线、臀围线与人台上相应的标识线重合，以交叉针法用大头针固定前中线、臀围线，并将白坯布包裹人台，形成筒状。

（三）前裙片捏省

如图4–19～图4–21所示，沿前中线向公主线方向推平布料并修剪，捏出省量，将省量折叠并固定，腰围处留少许松量沿腰围线推平布料并打剪口，在省道、腰围线处描点做标记，用大头针固定。

（四）制作前裙片A字裙摆

（1）沿侧缝处从侧腰开始往下推平布料，一直竖直推到人台的底端，标出侧缝线，多余的量构成了A形裙摆的量（图4–22）。

（2）用大头针别合褶裥量并测量，在侧缝的底部标记一个相同的量（图4–23）。

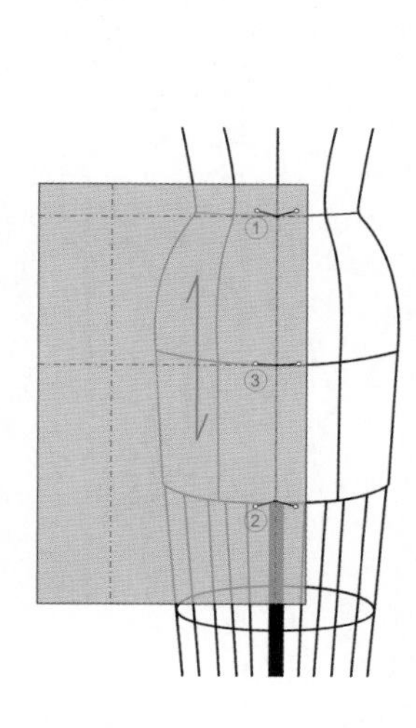

图4-17　前裙片覆布

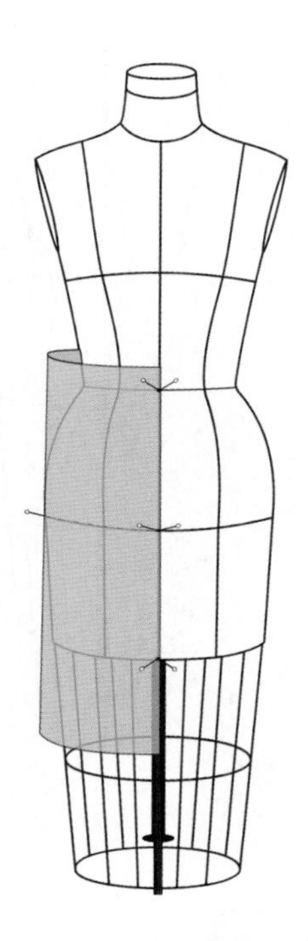

图4-18　包裹人台

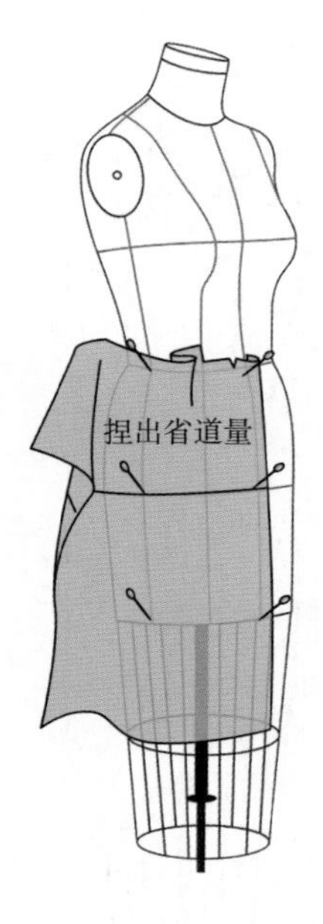

图4-19　捏省

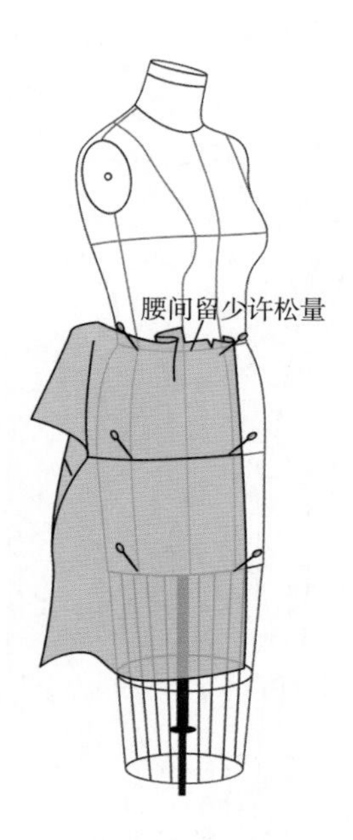

图4-20　腰间预留松量

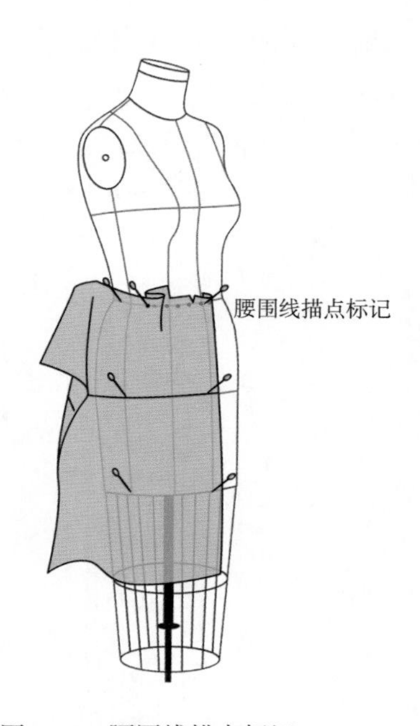

图4-21　腰围线描点标记

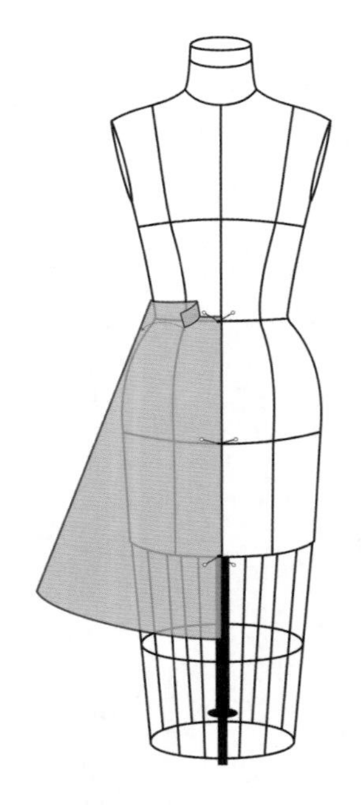
图4-22　制作前裙片A字裙摆

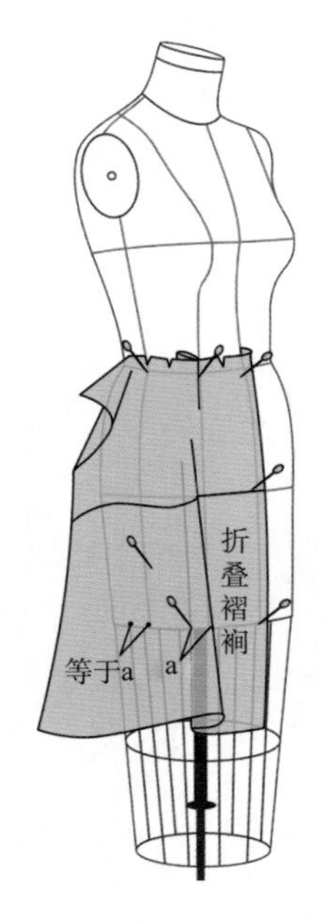

图4-23　折叠褶裥

（五）修剪前裙片侧缝

如图4-24所示，在侧缝处预留缝份，修剪多余布料，臀围和侧缝可预留少许松量。

（六）后裙片覆布

如图4-25所示，将白坯布上画的后中线、臀围线与人台上相应的标识线重合，以交叉针法固定后中线、臀围线；用白坯布将人台包裹，形成筒状（图4-26）。

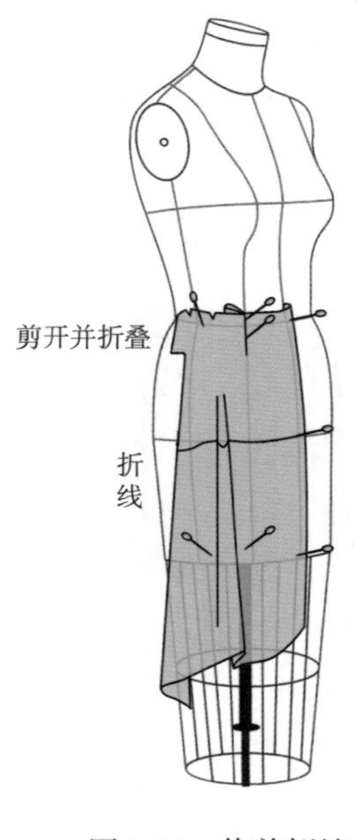

图4-24　修剪侧缝

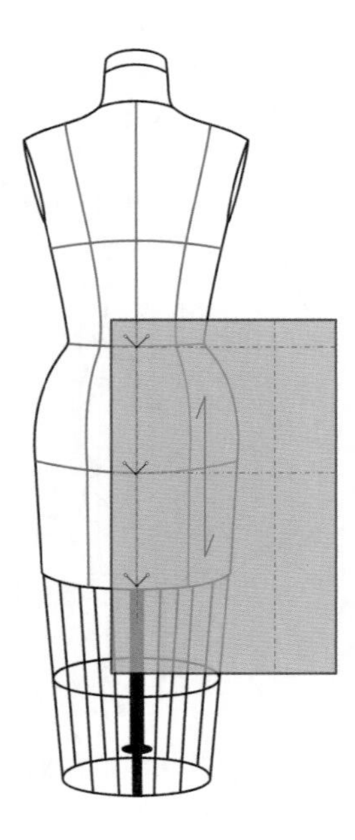
图4-25　覆布

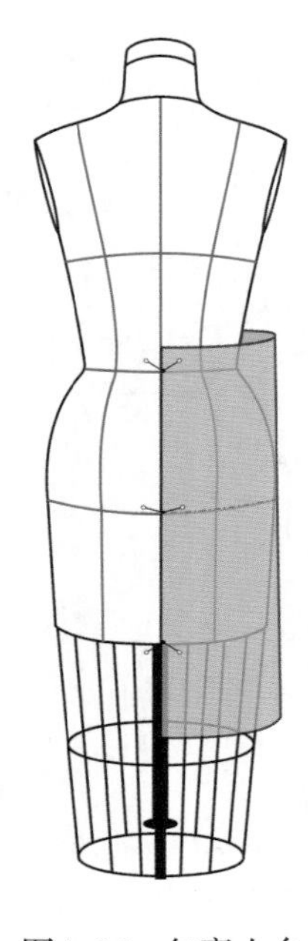
图4-26　包裹人台

（七）后裙片捏省

如图4–27所示，沿后中线向公主线方向推平并修剪布料，捏出省量；将省量折叠并固定，腰围处留少许放松量；沿侧腰线推平布料并打剪口、做标记，用大头针固定。

（八）制作后裙片A字摆

如图4–28所示，沿侧缝处从侧腰往下推平布料，直到人台的底端，标出侧缝线，多余的量构成A字裙摆；用大头针别合褶裥并测量，在侧缝的底部标记一个相同的量。

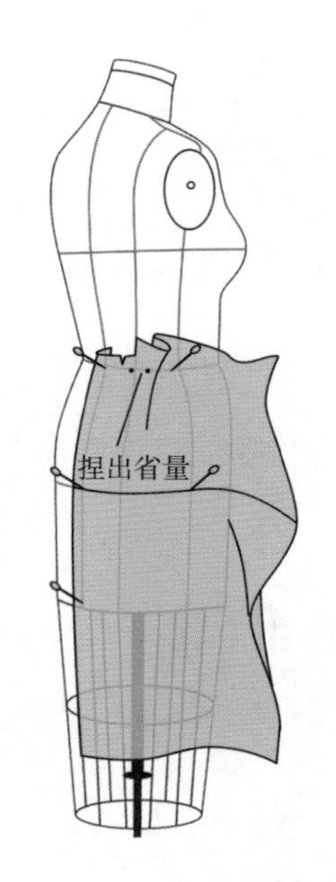

图4–27　后裙片捏省

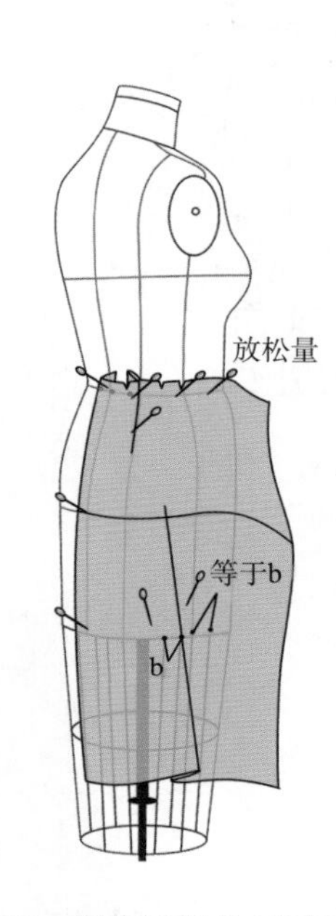

图4–28　制作后裙片A字裙摆

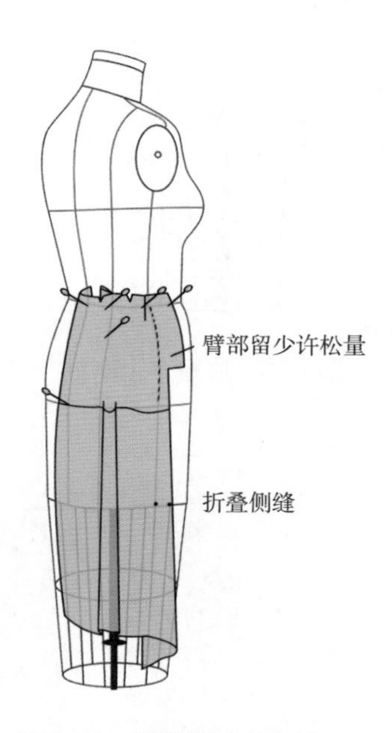

图4–29　臀部留少许松量

（九）修剪后裙片侧缝

如图4–29、图4–30所示，在侧缝处预留缝份，修剪掉多余布料，臀围和侧缝可预留少许松量。

（十）假缝

如图4–31所示，后片缝份不要折叠，将前片侧缝缝份折叠，叠放在后片上，用大头针固定；下摆线调整与地面平行，如果需要修正下摆线，调整前后侧缝的平衡感，可适当放出一些或收紧一些，以此调整廓型。

（十一）修板和拓板

如图4–32～图4–34所示，为防止前后片侧缝处的纱向不一致导致扭曲，可按照以下方法来调整侧缝：将后片放在前片之上，中心线对齐（虚线表示前后片的侧缝线）；取前、后片原来的侧缝线中点，从臀围线和下摆经过中点画一条线，作为新的侧缝线。

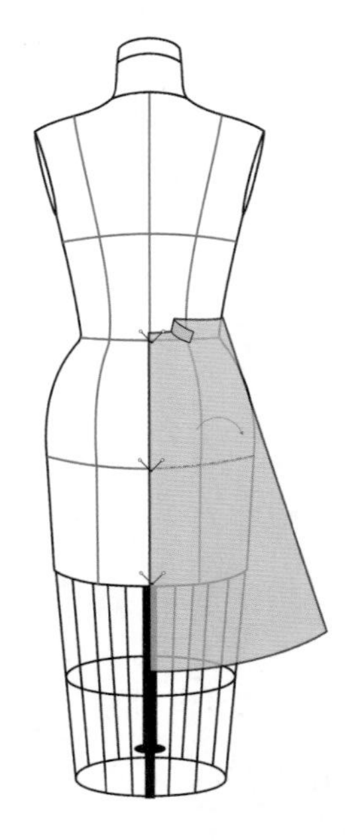

图4-30　修剪多余布料

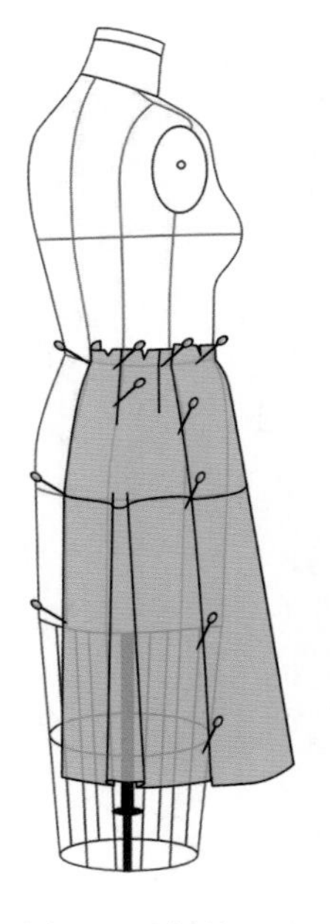

图4-31　假缝

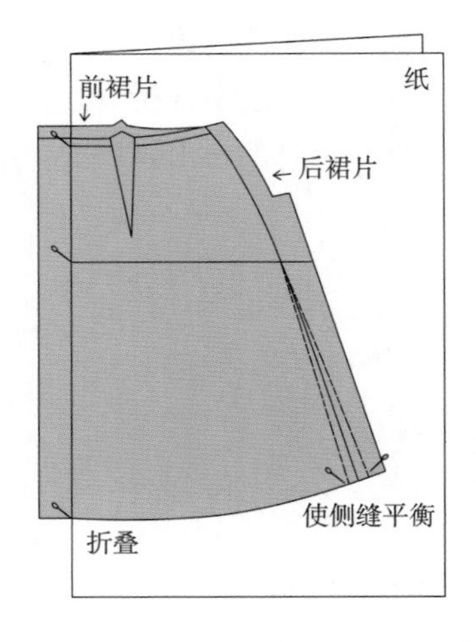

图4-32　调整侧缝线

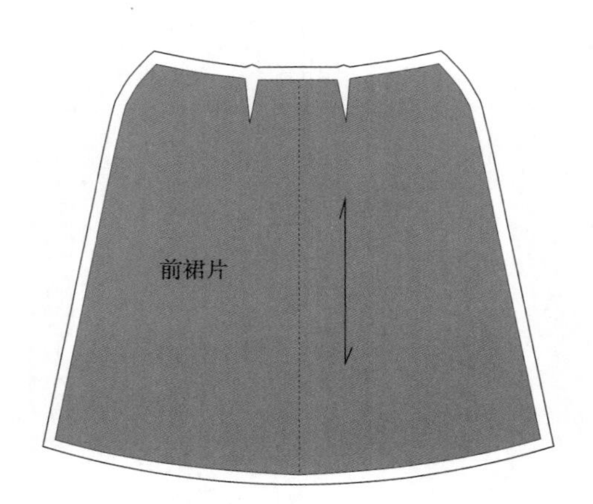

图4-33　前裙片纸样

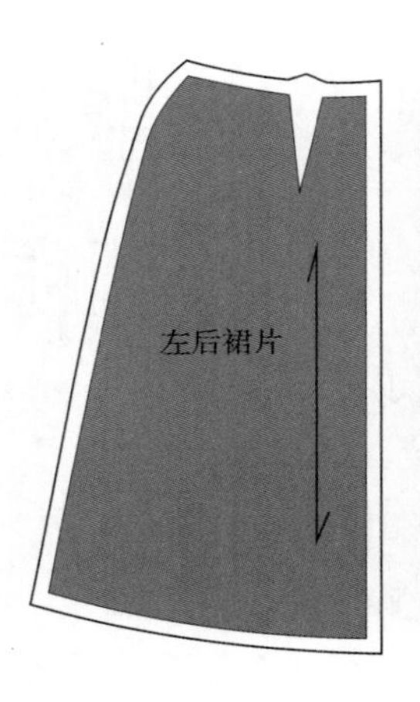

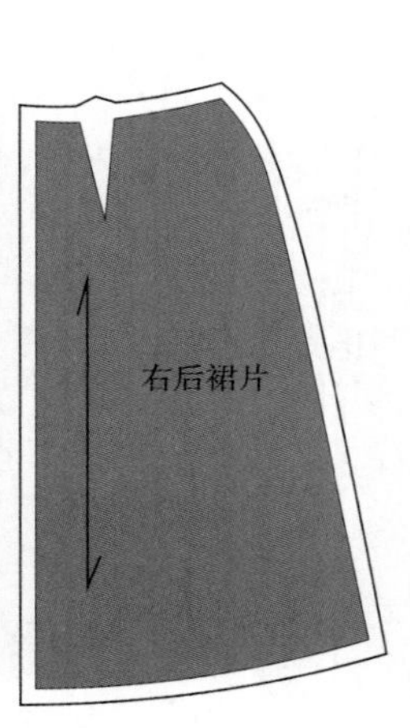

图4-34　后裙片纸样

第三节　工字褶育克裙的立体裁剪

一、款式造型分析

如图4–35所示，此款式是低腰育克褶裥裙，裙子上面部分通过省道转换形成育克，裙子下面部分有左右对称的工字褶，此款亦是成衣设计中常见的经典款式。

图4–35　款式图

二、立体裁剪制作

（一）贴标识线

如图4–36所示，根据款式图用标识带在人台上贴出基准线和款式造型线。

（二）前裙上片取布

（1）纵向长度：从腰围线至育克分割线定为纵向净样长度，上下两端各预留5cm，作为立体裁剪操作损耗量，即纵向长度=Y+10cm（图4-37）。

（2）横向宽度：从前中线至侧缝线定为横向净样宽度，左右两端各预留5cm，作为立体裁剪操作损耗量，即横向宽度=X+10cm（图4-38）。

（3）如图4-39所示，为取布整体示意图，布纹方向为经向。

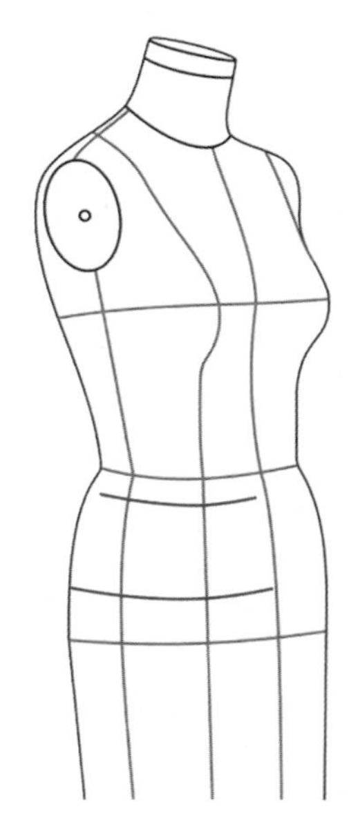

图4-36　贴标识线

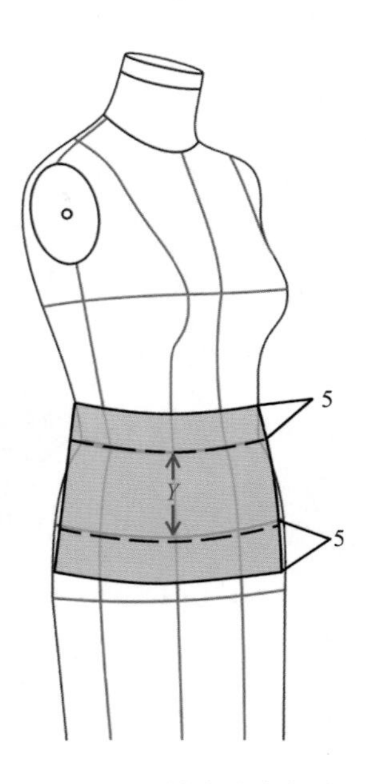

图4-37　纵向取布长度

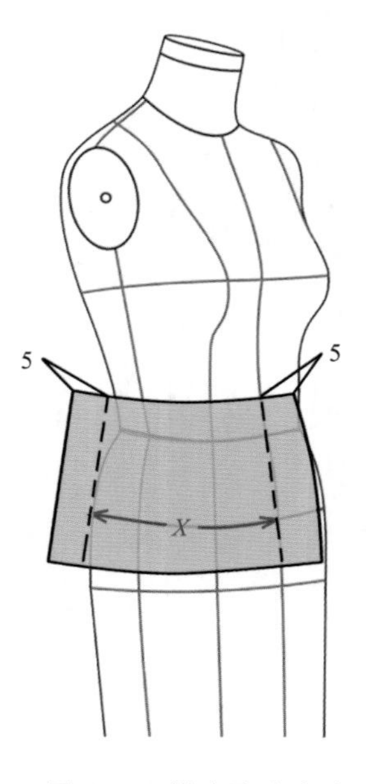

图4-38　横向取布宽度

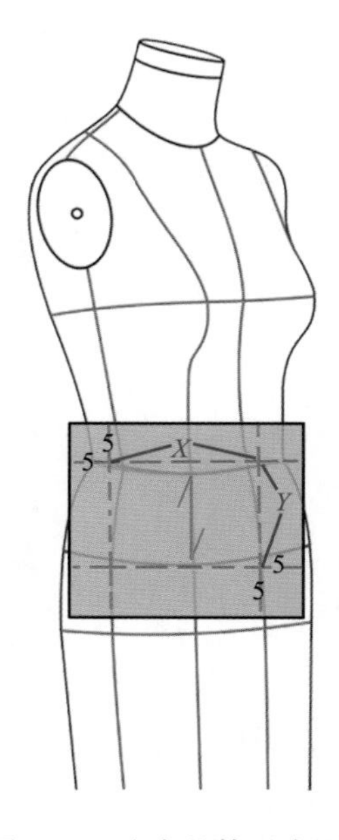

图4-39　取布整体示意图

（三）前裙下片取布

（1）纵向长度：育克分割线至裙长处（自定）定为纵向净样长度，上下两端各预留5cm，作为立体裁剪操作损耗量，即纵向长度=Y+10cm（图4–40）。

（2）横向宽度：从前中线至侧缝线定为横向净样宽度，并预留“工字褶预留量”，左右两端各预留5cm，作为立体裁剪操作损耗量，即横向宽度=X+工字褶预留量+10cm（图4–41）。

（3）如图4–42所示，为取布整体示意图，布纹方向为经向。

（4）后裙片的取布方法与前裙片取布方法一致。

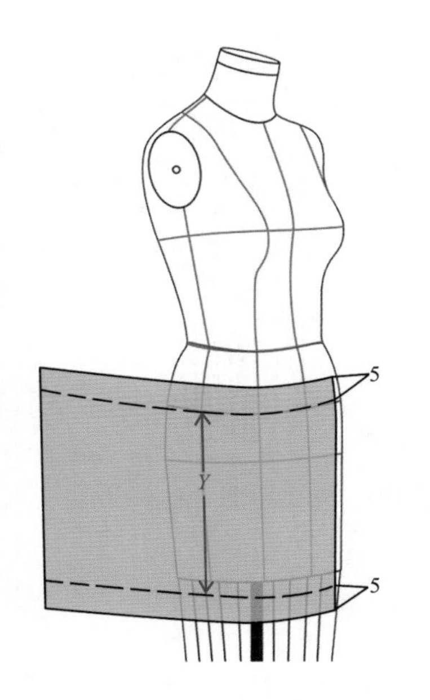

图4–40　纵向取布长度

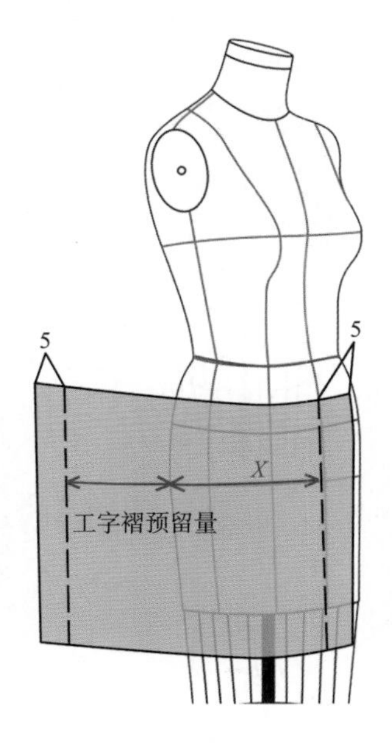

图4–41　横向取布宽度

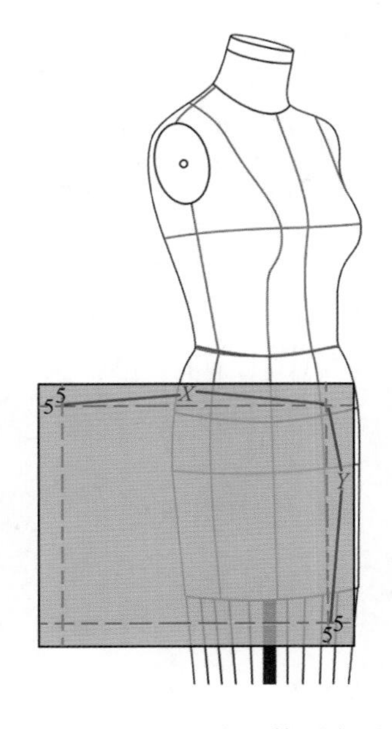

图4–42　取布整体示意图

（四）制作育克

如图4–43所示，将白坯布（前裙上片）上的前中线与人台上相应的标识线重合，以交叉针法用大头针固定前中线；沿腰围线、侧缝线、育克分割线三个方向将白坯布余量推平，将省道转移至侧缝和育克分割线。

（五）制作褶裥裙

（1）将白坯布（前裙下片）上的前中线与人台上相应的标识线重合，以交叉针法用大头针固定前中线（图4–44）。

（2）留裥量，推平余量：在公主线处留约12cm余量并用大头针临时固定，沿分割线将白坯布余量推至下摆，用大头针固定侧缝（图4–45）。

（3）制作工字褶：沿公主线向内折进余量，将12cm余量做成工字褶，用大头针固定褶裥上口，理顺褶线（图4–46）。

（六）后裙片的立裁制作

如图4–47所示，依照前裙片立体裁剪的相同方法，完成后片的育克与褶裥裙的立体裁剪制作（前后育克的高度要一致）。

（七）别合裙片并假缝

如图4–48所示，别合前后裙片以及育克部分并假缝。

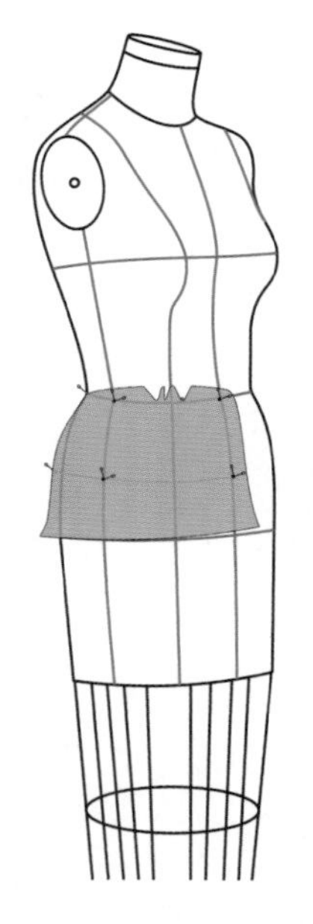

图4–43　制作育克

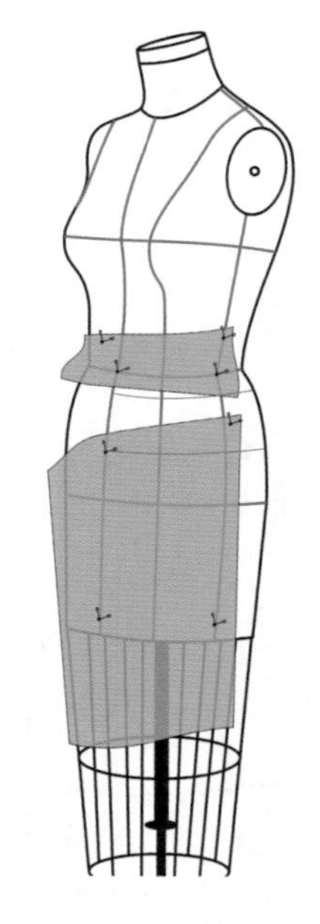

图4–44　裙前下片覆布

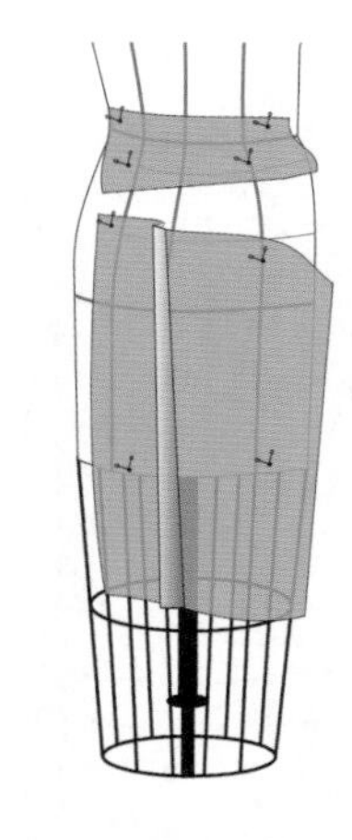

图4–45　留裥量并推平余量

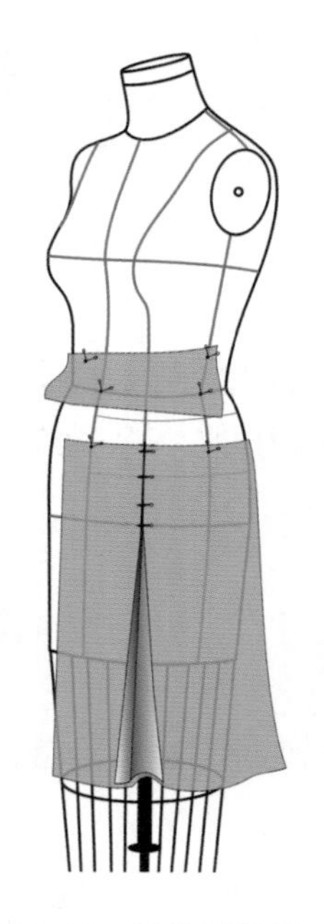

图4–46　制作工字褶

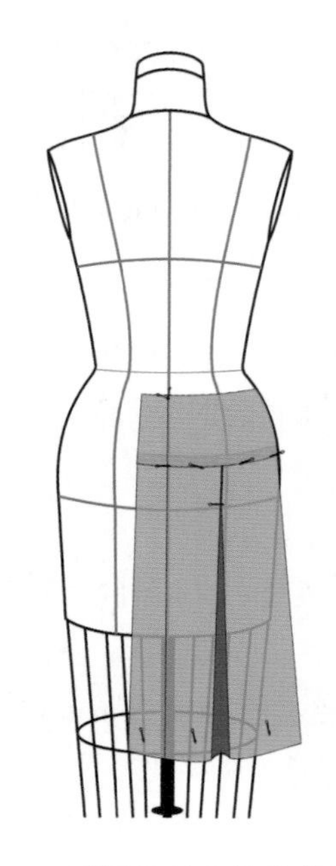

图4–47　后裙片的立体裁剪制作

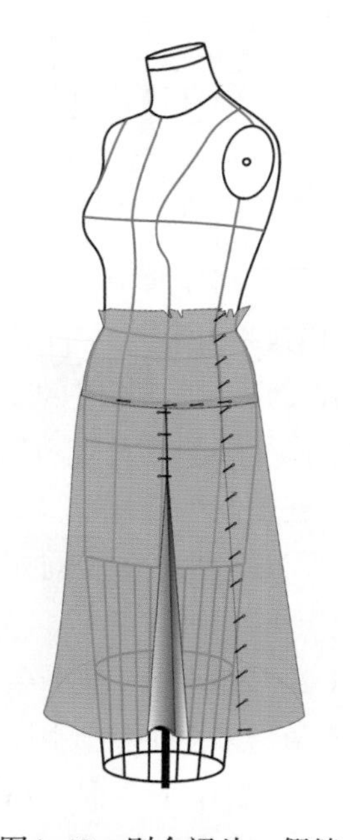

图4–48　别合裙片、假缝

（八）整理造型

如图4–49、图4–50所示，根据服装款式，再次调整、整理款式造型。

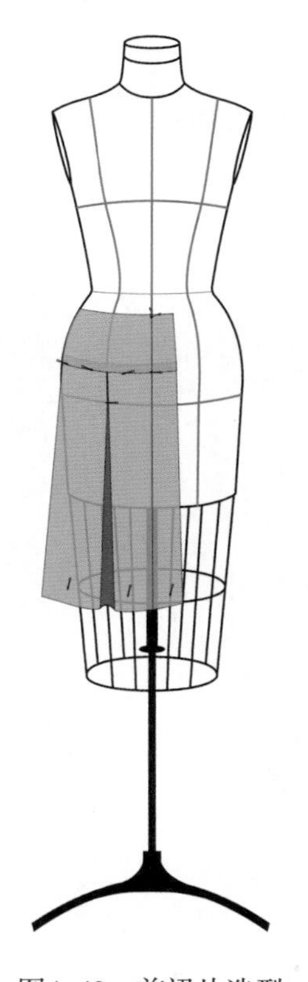

图4-49　前裙片造型

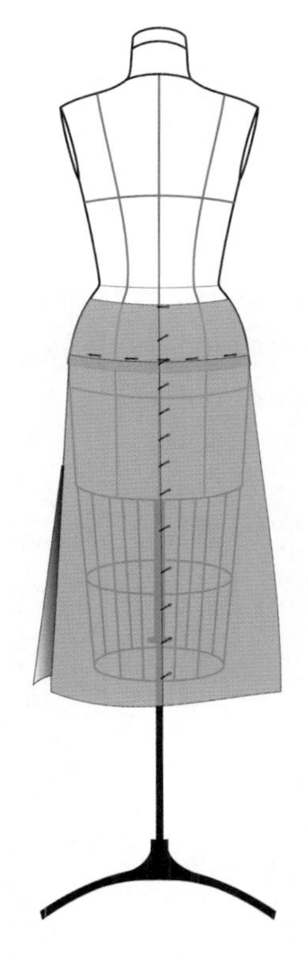

图4-50　后裙片造型

（九）拓板

如图4-51、图4-52所示，将裙片从人台上取下，平铺于平台上，根据“描点线”精确画出标记线并加放1cm宽的缝份，修剪掉多余的量，做纸样平面修正，获得最终纸样。

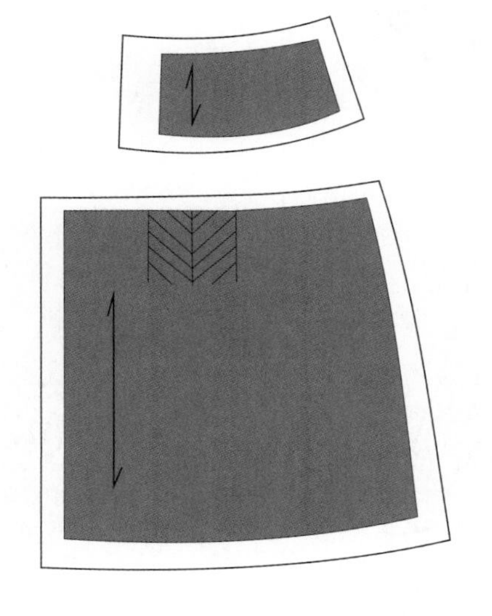

图4-51　裙前片纸样

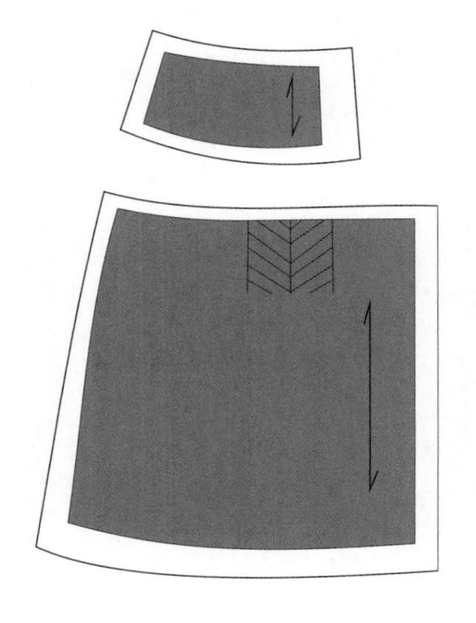

图4-52　裙后片纸样

第四节　圆摆裙的立体裁剪

一、款式造型分析

如图4-53所示，此款式下摆呈圆形，也称圆裙。其特点是裙摆较大，裙身纵向形成波浪，因此面料宜选用轻薄织物，对于较厚实的面料建议采用45°斜纱制作。

图4-53　款式图

二、立体裁剪制作

（一）前裙片取布

（1）纵向长度：从腰围线至裙下摆线定为纵向净样长度，并提前预留“腰围预留量”，上下两端各预留5cm，作为立体裁剪操作损耗量，即纵向长度=Y+腰围预留量+10cm（图4–54）。腰围预留量的作用是为了制作裙子波浪圆摆时，避免腰围线下落。

（2）横向宽度：从前中线至侧缝线定为横向净样宽度，并提前预留“下摆预留量”，左右两端各预留5cm，作为立体裁剪操作损耗量，即横向宽度=X+下摆预留量+10cm（图4–55）。

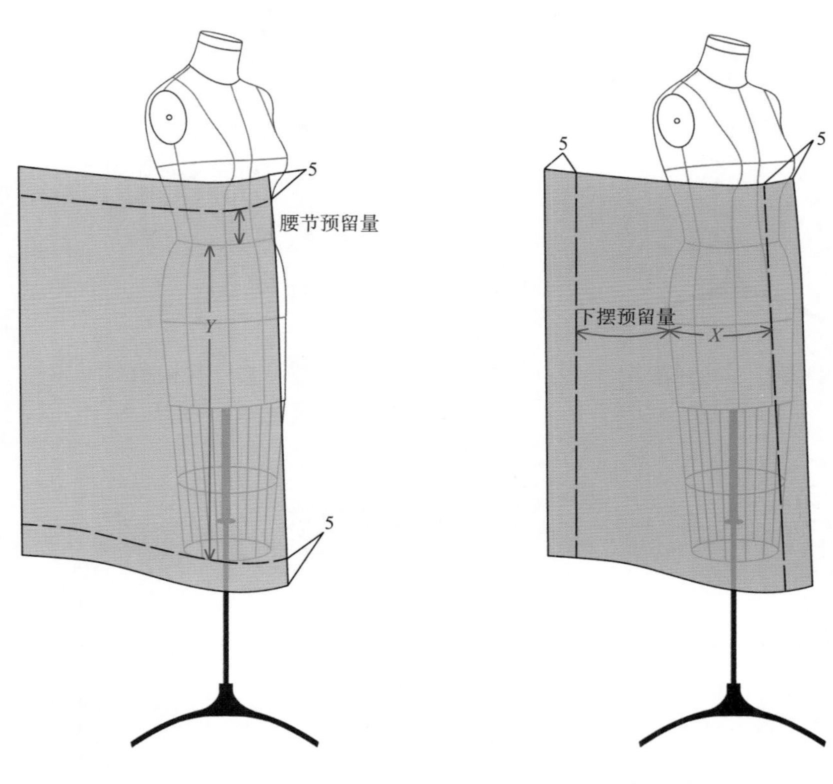

图4–54　纵向取布长度　　图4–55　横向取布宽度

（二）前裙片覆布

如图4–56所示，将白坯布上画的前中线与人台上相应的标识线重合，以交叉针法用大头针固定前中线。

（三）制作前裙片波浪摆

如图4–57所示，沿腰围线从前中线向内水平3cm处，以交叉针法用大头针固定裙片；在交叉针向下对应的裙摆处，用手拉出第一个波浪褶（图4–58）；依照以上方法，依次做出前裙片其他位置的波浪褶（图4–59）。

（四）制作后裙片波浪褶

如图4–60所示，依照前裙片制作波浪褶的方法，完成后裙片的波浪褶制作。

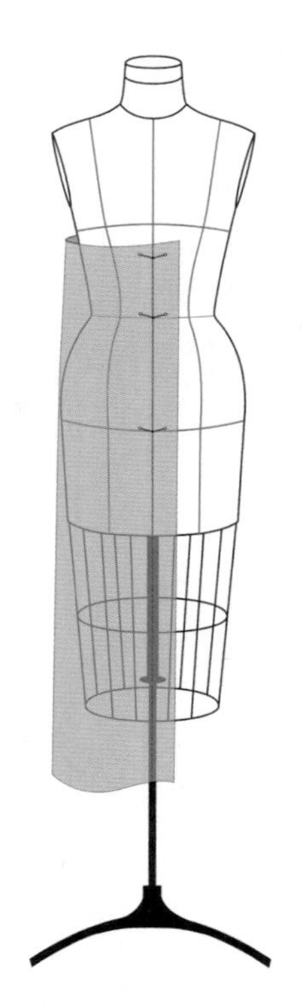

图4-56　前裙片覆布

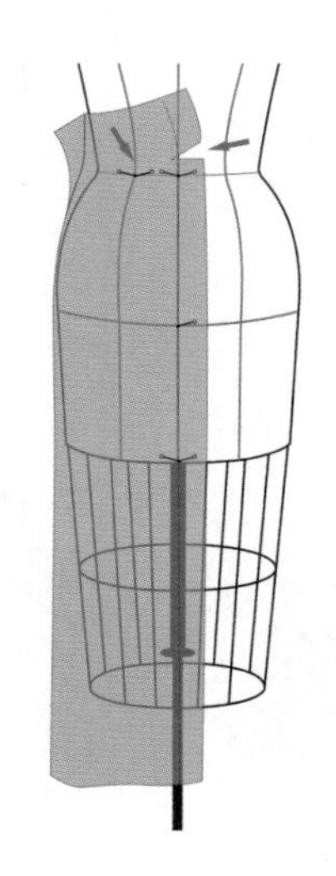

图4-57　固定前裙片

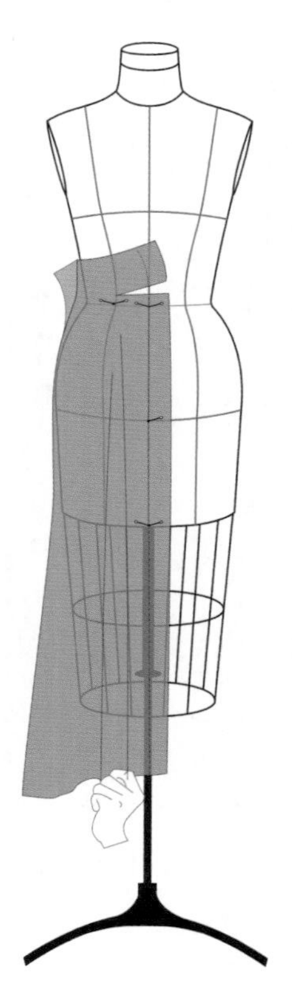

图4-58　制作前裙片波浪褶

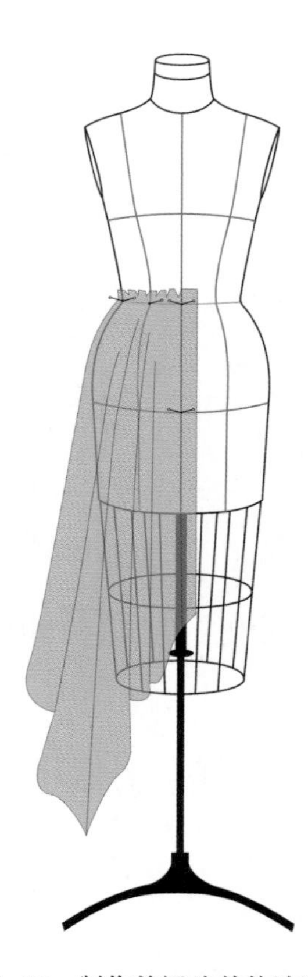

图4-59　制作前裙片其他波浪褶

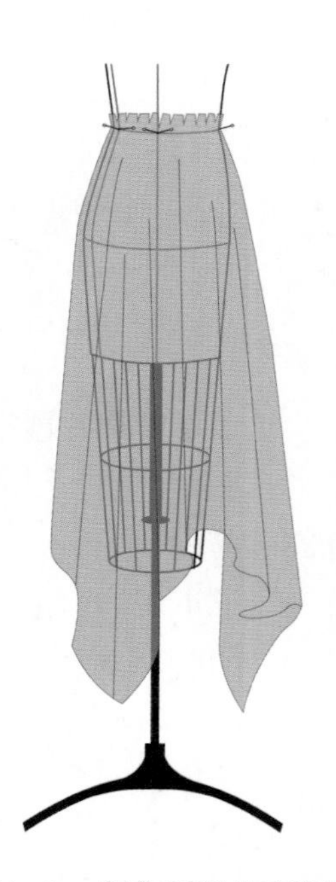

图4-60　制作后裙片波浪褶

（五）修剪裙摆

如图4-61所示，按裙身长度，将前、后裙摆修剪呈水平状。

（六）整理造型

如图4-62、图4-63所示，根据服装款式调整、整理立体造型。

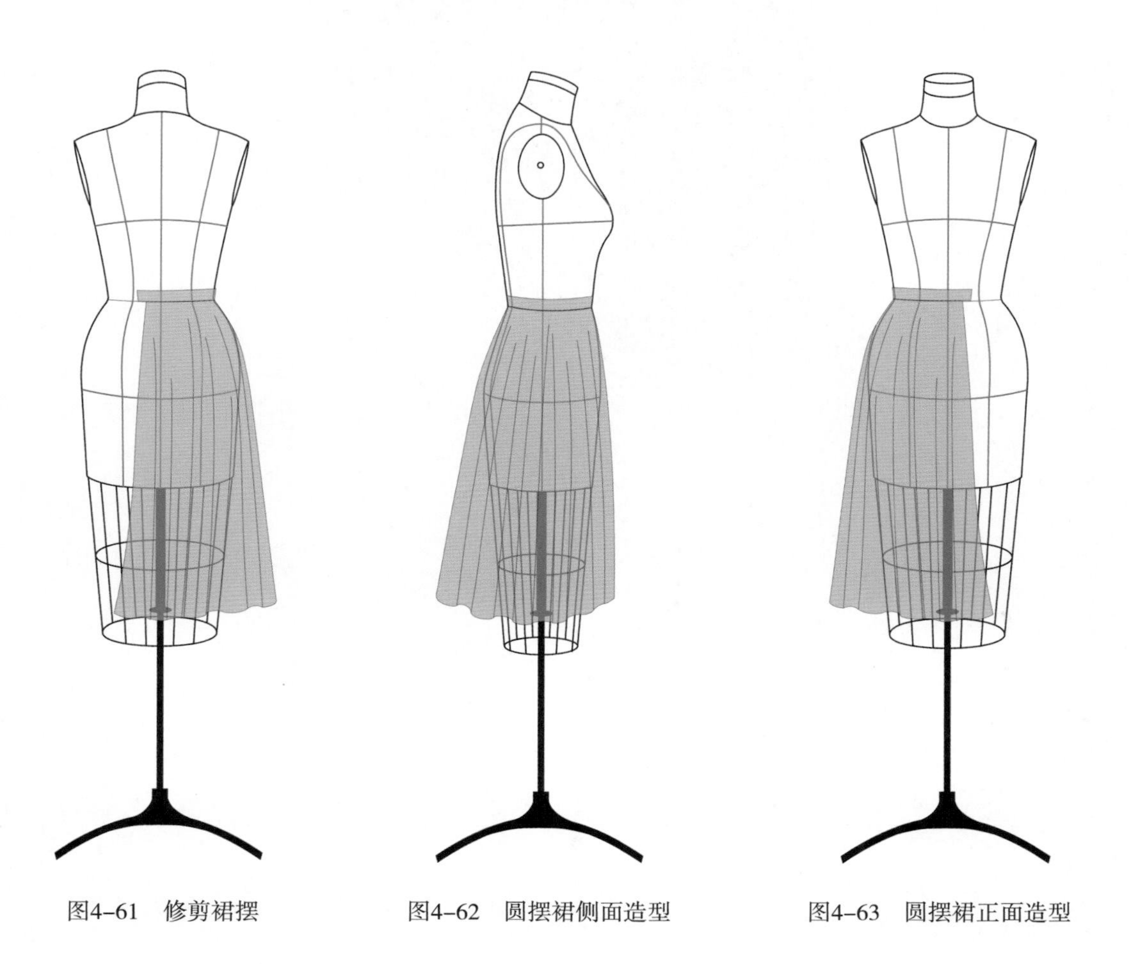

图4-61　修剪裙摆　　图4-62　圆摆裙侧面造型　　图4-63　圆摆裙正面造型

（七）拓板

如图4-64所示，将裙片从人台上取下，平铺于平台上，根据“描点线”精确画出标记线并加放1cm宽的缝份，修剪掉多余的量，进行纸样平面修正，最终获得纸样。

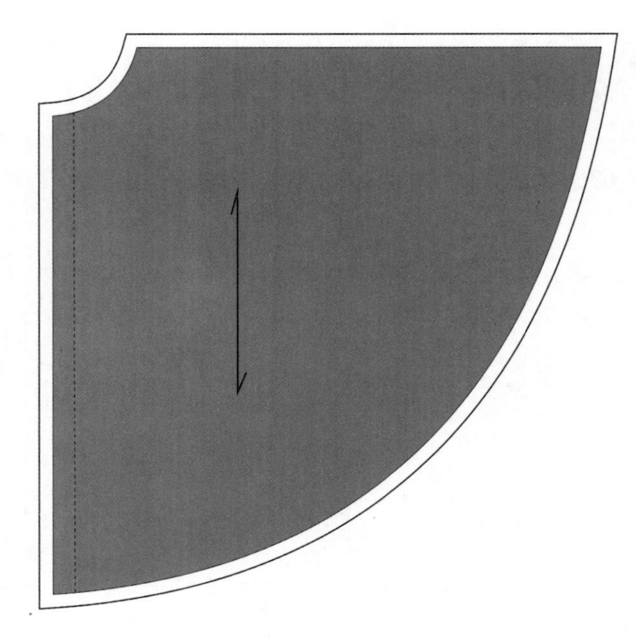

图4-64 纸样

第五节　百褶裙的立体裁剪

一、款式造型分析

如图4–65所示，此款式为经典百褶裙造型。褶裥可以看成是折叠布料后形成的松量，为人体活动增加了空间。褶裥的处理可以是折叠的或自然重叠，也可以在腰线以下缉缝一段长度的线或不缝。褶缝可以与中心线平行，也可以有一定的倾斜角度。

图4–65　款式图

二、制作要点

进行褶裥裙立体裁剪时可通过平面方法来完成褶裥的折叠制作。

（一）褶裥深度的确定

如图4-66所示，褶裥深度是指褶裥的外侧折边至内侧折边的距离（灰色区域），褶裥折叠量通常是褶裥深度的两倍，褶间距是褶与褶之间的距离。

（二）褶裥类型

（1）刀裥或侧裥：指所有的裥都倒向同一个方向（图4-67）。

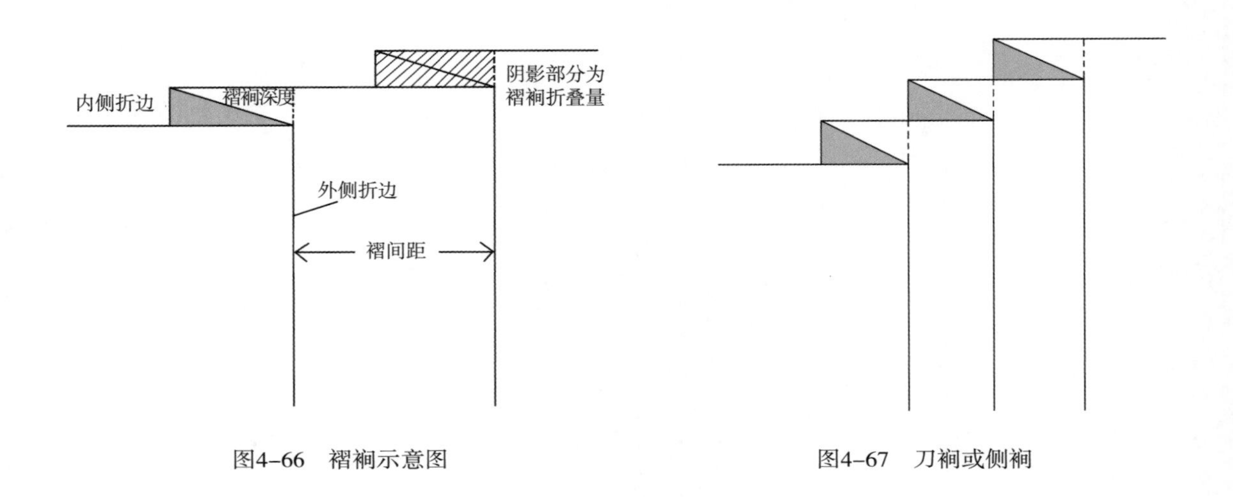

图4-66　褶裥示意图

图4-67　刀裥或侧裥

（2）箱型裥：一般在服装正面，两侧向后部中间折叠，形成闭合的褶裥，闭合折线在内（图4-68）。

（3）工字裥：一般在服装正面，两侧从前面向中间折叠，形成闭合的褶裥，闭合折线在外（图4-69）。

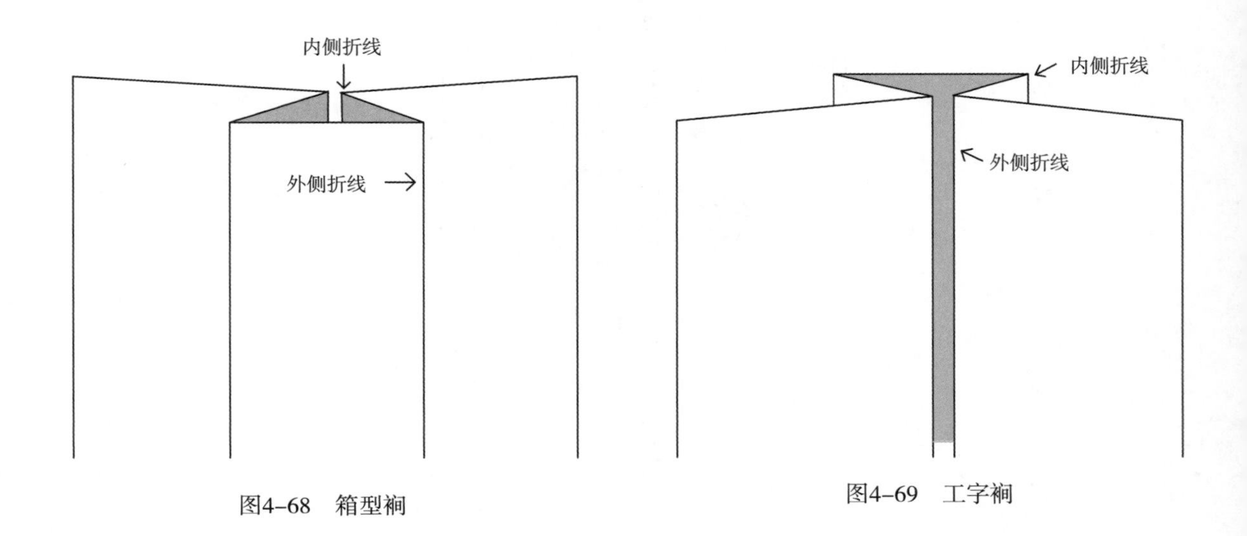

图4-68　箱型裥

图4-69　工字裥

（4）放射裥：即从腰围处向下摆散开进行打褶，一般用化纤面料或是化纤含量超过50%的混纺面料来制作放射褶款式（图4–70）。

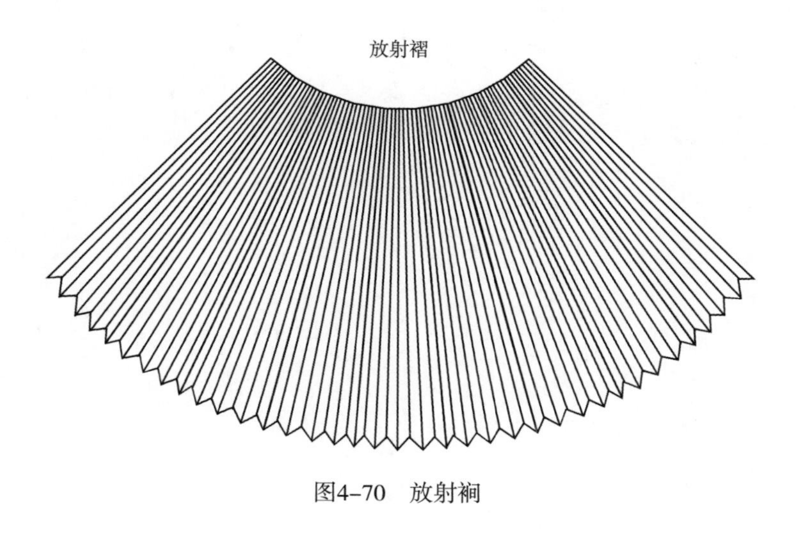

图4–70　放射裥

（三）拓板

将立体裁剪完成的裙布片平铺于平台上，进行纸样平面修正，最终获得纸样，如图4–71所示。

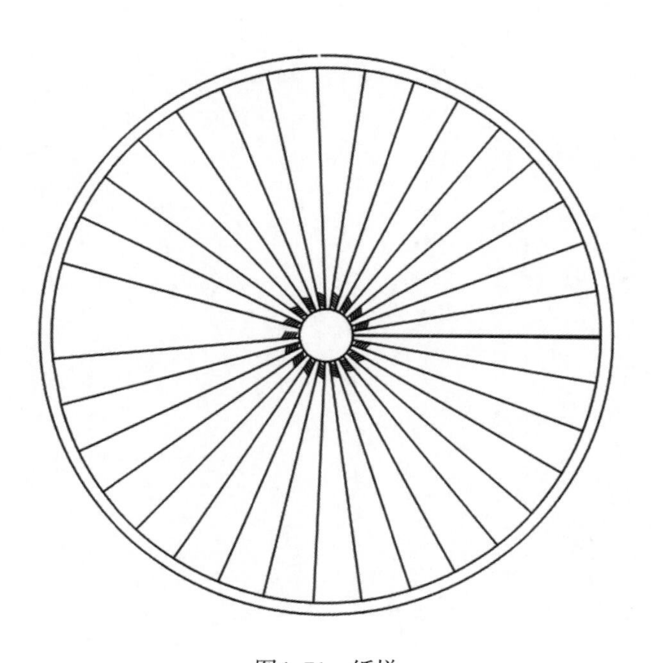

图4–71　纸样

思考与练习

1. 完成一款鱼尾裙的立体裁剪制作。
2. 完成一款灯笼裙的立体裁剪制作。
3. 自选 NBA 篮球比赛啦啦队的下半身裙进行改造设计，并完成立体裁剪制作。
4. 参照本章的内容格式，任选两款以上经典造型，完成立体裁剪全过程的详细笔记。
5. 体积造型较大的裙装在立体裁剪时，布料的幅宽不够宽该如何处理？

第五章 礼服的立体裁剪

第一节　吊带礼服裙的立体裁剪

一、款式造型分析

如图5-1所示，这是一款适合晚宴场合穿着的款式，其特殊之处在于运用了斜裁法来进行立体裁剪。裙装上部分使用的是直纱布料，胸高点下面收一个省道；裙装下部分运用斜裁的方法，使裙子呈现优美的垂褶。斜裁是指裁片的中心线与面料的直丝缕方向呈45° 夹角的裁剪方法。运用斜裁方法可以很容易产生自然且优美的垂褶。

图5-1　款式图

二、立体裁剪制作

（一）人台准备

如图5-2所示，在人台上半身贴出胸衣部位的位置线。

（二）前、后胸衣片取布

根据前、后胸衣片的形状灵活取布。方法：纵向长度=该部位纵向水平距离的最长长度+损耗量（10cm），横向长度=该部位横向垂直距离的最长长度+损耗量（10cm）。

（三）前胸衣片的立裁制作

如图5-3所示，将取好的白坯布覆盖在人台胸部，通过收省，做成合体胸衣，按标识线在坯布上描点，对布片进行初裁。

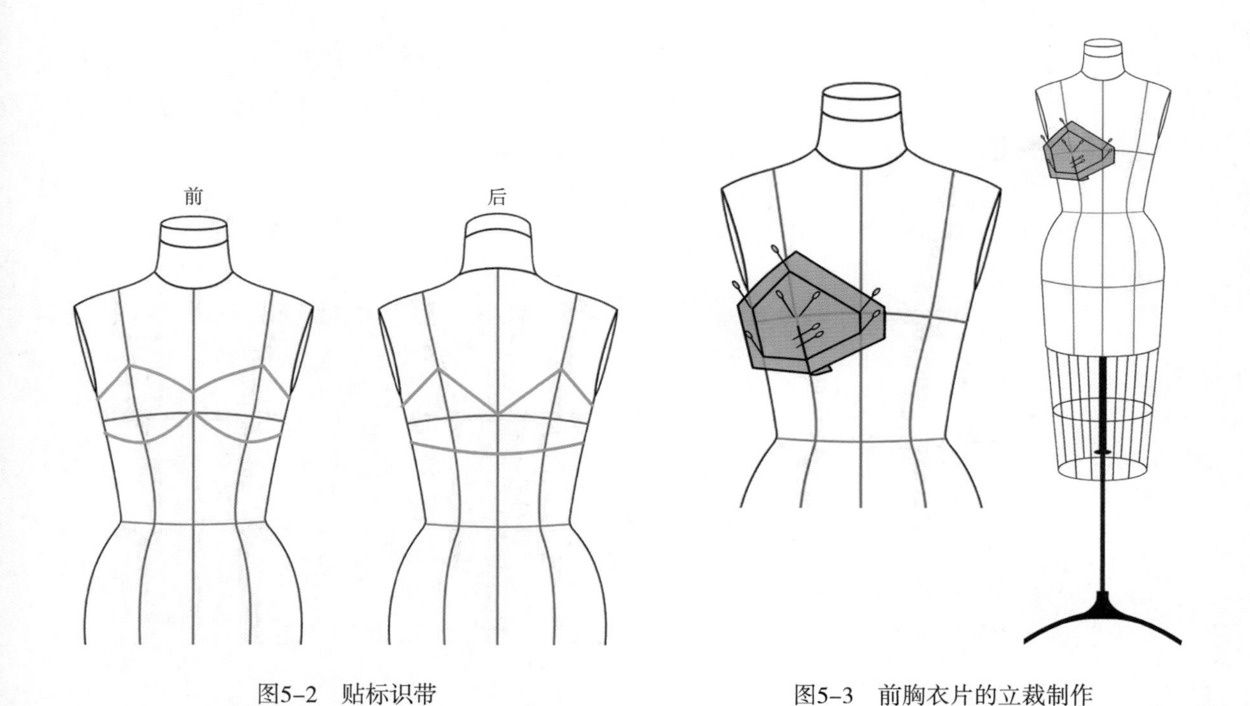

图5-2　贴标识带

图5-3　前胸衣片的立裁制作

（四）后胸衣片的立裁制作

如图5-4所示，将取好的白坯布覆盖在人台背部，通过推布推平多余的量，按标识线在坯布上描点，对布片进行初裁。

（五）上半身衣片拓板

如图5-5、图5-6所示，将前、后胸衣片从人台上取下，拓板，修正纸样。

（六）前裙片取布

如图5-7所示，用划粉或者褪色笔在白坯布上标示布料的直丝缕和横丝缕，并画出布料正斜参考线，选用斜纱方向进行立体裁剪。

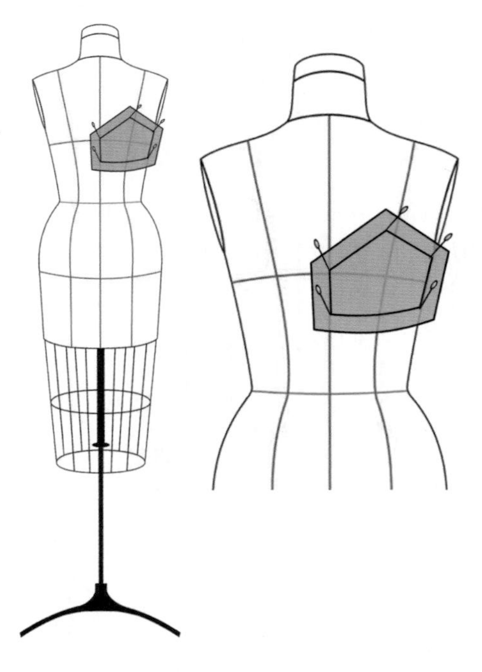
图5-4　后胸衣片的立裁制作

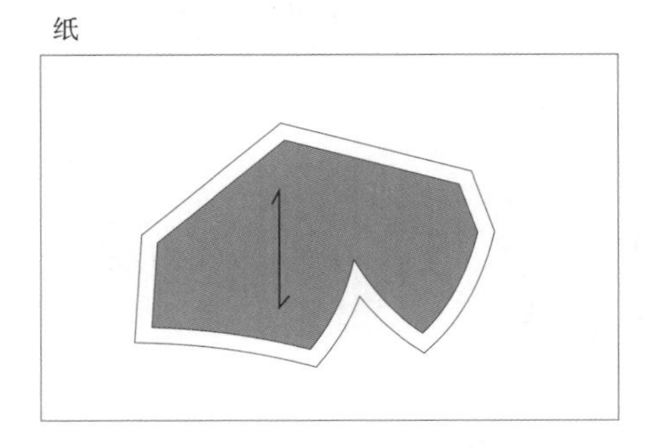

图5-5　前胸衣片纸样

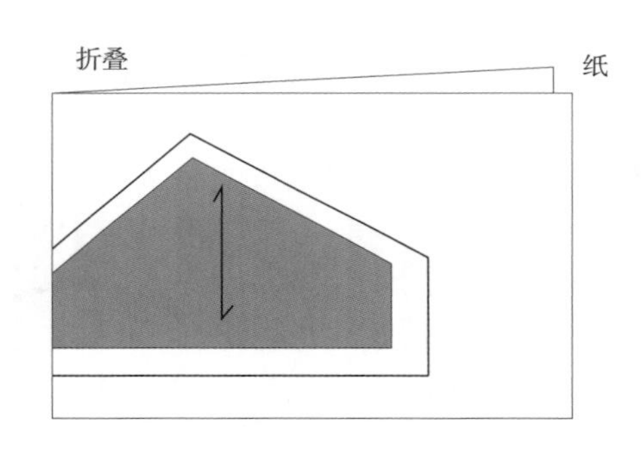

图5-6　后胸衣片纸样

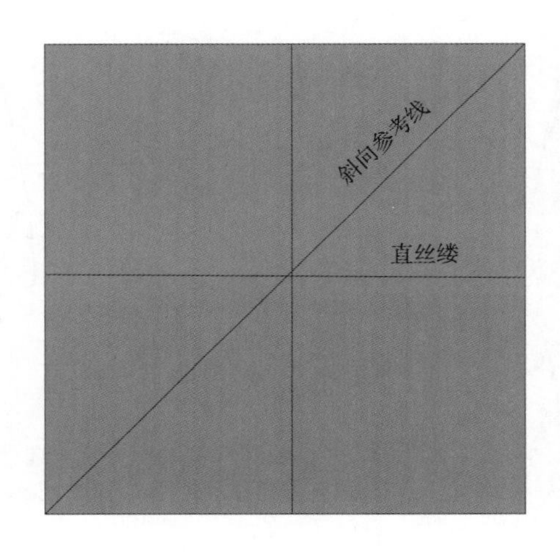

图5-7　前裙片取布

（七）前裙片覆布、推布

如图5-8所示，先用大头针将布按图中纱向固定于人台前中线位置，沿前胸分割线推平白坯布，打剪口并继续固定；沿侧缝处至臀围线处推平白坯布，并用大头针固定，注意腰围处保持适当松量；沿侧缝处向下至人台臀围线推平白坯布，标记和固定，此时在臀部以下就会出现优美的垂褶，用针在左右侧缝处固定，并在人台底部向外标记10cm（图5-9）。

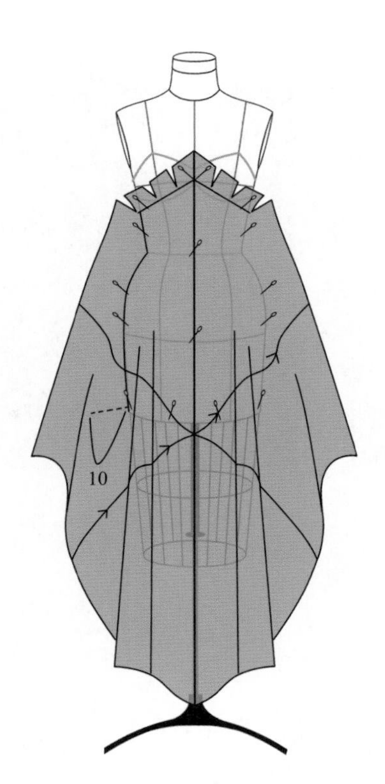

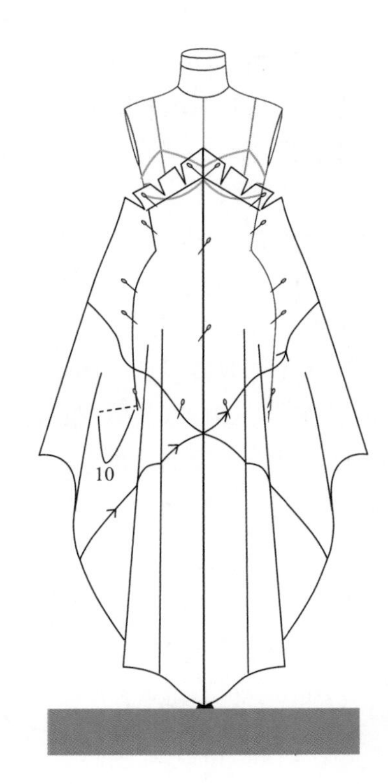

图5-8　前裙片覆布

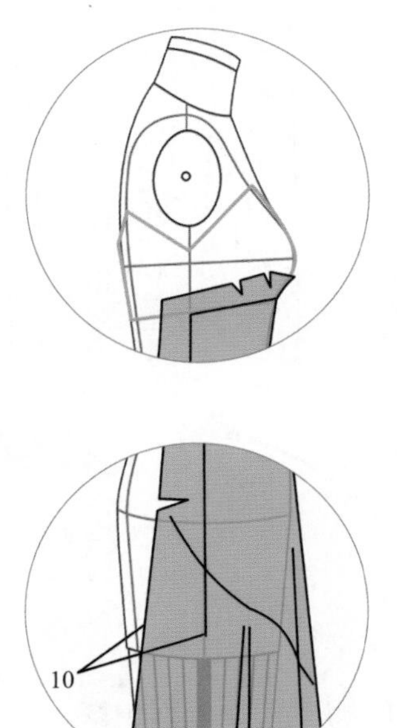

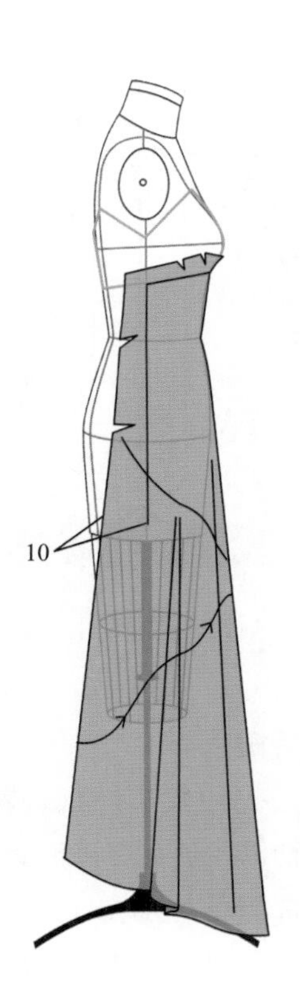

图5-9　细节图

（八）后裙片取布

如图5-10所示，用划粉或者褪色笔在白坯布上标识布料的直丝缕和横丝缕，并画出布料正斜参考线，选用斜纱方向进行立体裁剪。

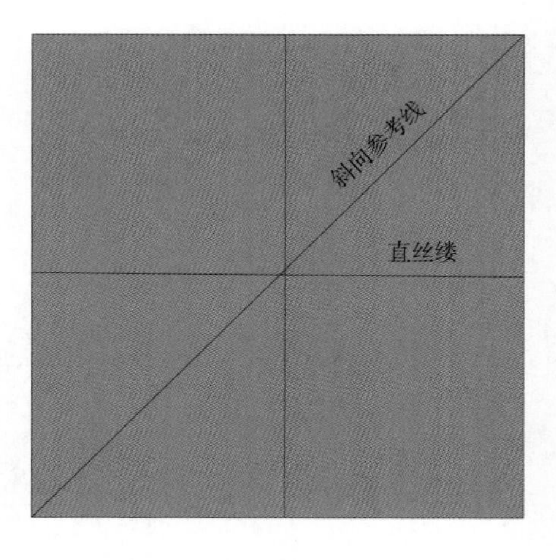

图5-10　裙后片取布

（九）后裙片覆布、推布

如图5-11、图5-12所示，后片立体裁剪的做法与前片相同。先用大头针将布固定于人台后中线位置，抚平坯布，并在侧缝处打剪口以珠针固定；沿侧缝处至臀围线处推平白坯布，并用针固定（腰围处留有适当松量）；沿侧缝向下至人台臀围处推平白坯布，标记和固定（图5-12）。

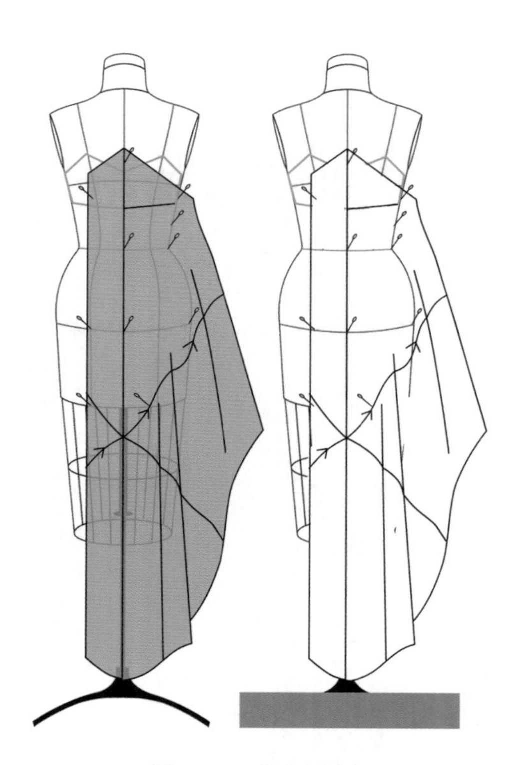

图5-11　后裙片覆布

图5-12　后裙片立体裁剪细节图

（十）别合前后裙片

如图5-13所示，先用大头针别合胸下至臀围线的侧缝，除去前中线、后中线的针，在下摆处悬挂适重的小物体（或磁铁），增加裙摆重量，使斜纹自然悬垂。

（十一）裙上片与下片别合

如图5-14、图5-15所示，裙上衣与裙下片沿侧缝线用大头针别合，调整侧缝线并用大头针固定裙装下部的褶皱，使前、后片结构平衡。

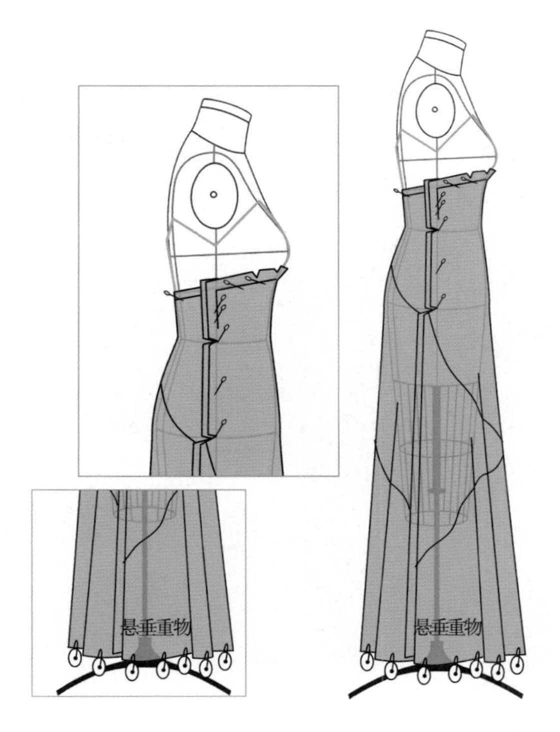

图5-13　别合侧缝

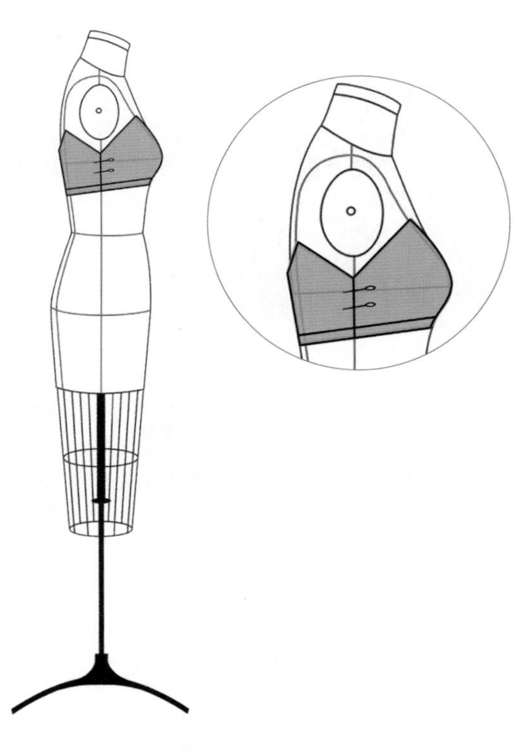

图5-14　裙上衣假缝

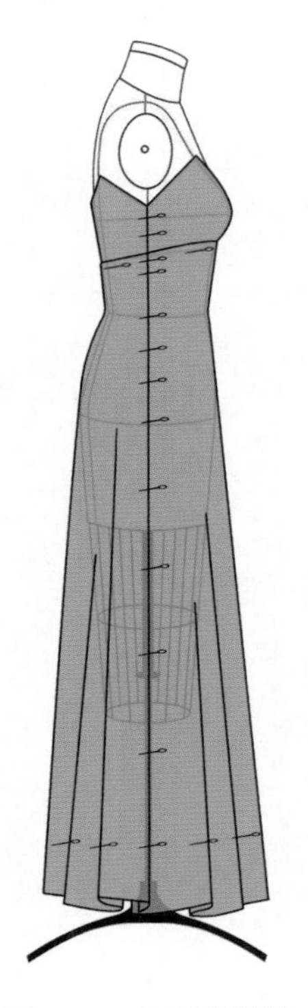

图5-15　上下片假缝

（十二）拓板、修板

如图5-16所示，将布片从人台上取下，拓板，修正纸样。

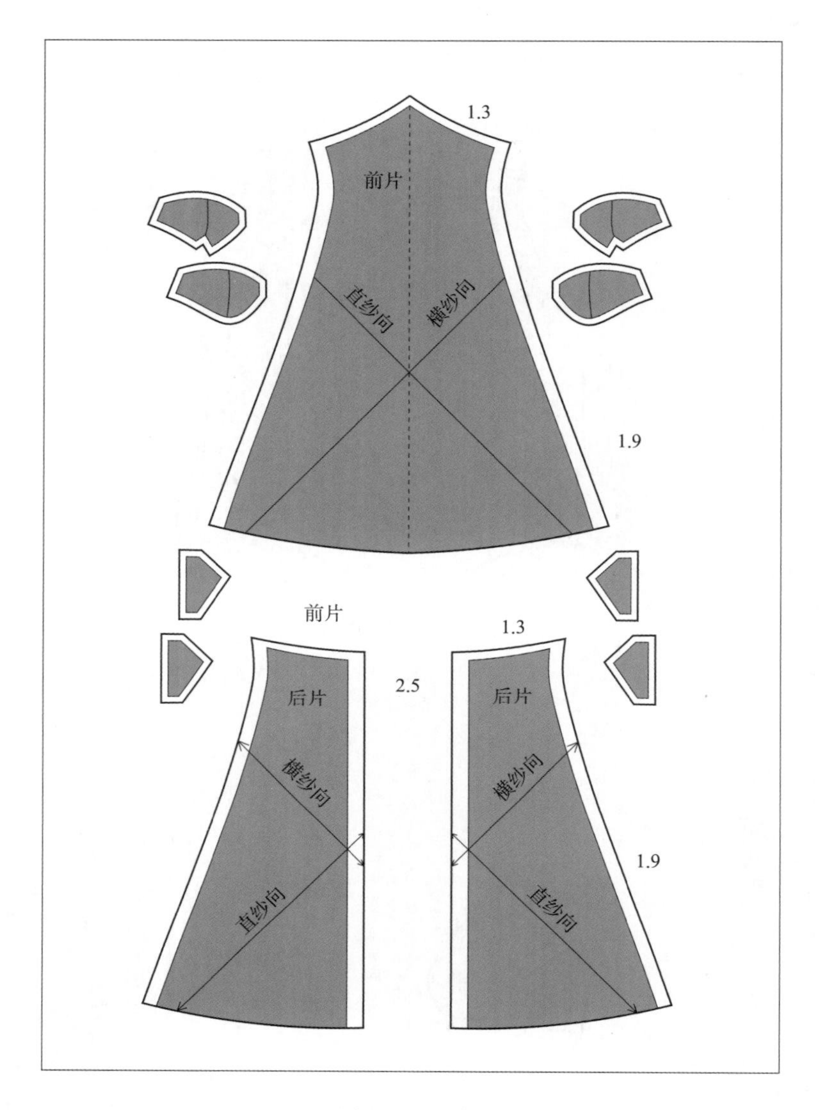

图5-16　纸样

第二节　放射褶礼服裙的立体裁剪

一、款式造型分析

如图5-17所示，这是一款适合晚宴穿着的放射褶礼服裙，腰部的放射褶设计丰富了上半身的整体造型，下身裙装部分自然悬垂，营造女性的优美曲线。

图5-17　款式图

二、立体裁剪制作

（一）人台准备

如图5-18所示，参照款式图，在人台上用标识线贴出款式造型线。

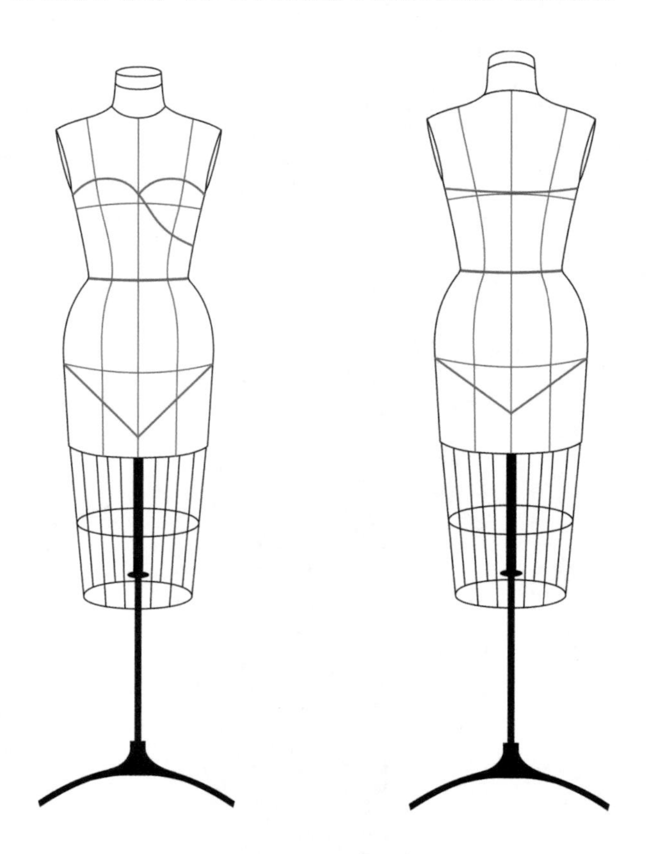

图5-18 人台准备

（二）右胸内衬取布

根据右胸内衬的前中、前侧的形状灵活取布。各部位取布方法：横向长度=该部位横向垂直距离的最长长度+损耗量（10cm），纵向长度=该部位纵向水平距离的最长长度+损耗量（10cm）。

（三）右胸内衬的立体裁剪

右胸内衬分为前中、前侧各2片。先将取好的前中布片覆在人台的前中部位，通过推布、修剪余量完成前中的造型，然后按人台上的前中轮廓，进行描点、修板，完成前中的立体裁剪。右胸内衬前侧片的立体裁剪制作方法参照前中片的立体裁剪方法完成。右胸内衬的完成图如图5-19所示。

（四）左胸片取布

根据左胸片的形状灵活取布。取布方法：横向长度=该部位横向垂直距离的最长长度+损耗量（10cm）。因要预留褶裥的量，故纵向长度要预留比纵向实际长度2倍的长度。因此，纵向长度=该部位纵向水平距离的最长长度×2+损耗量（10cm）。

（五）左胸片的立裁制作

如图5–20所示，在左胸位置将省量用大头针别成均匀褶裥，边打褶、边打剪口、修剪余量。

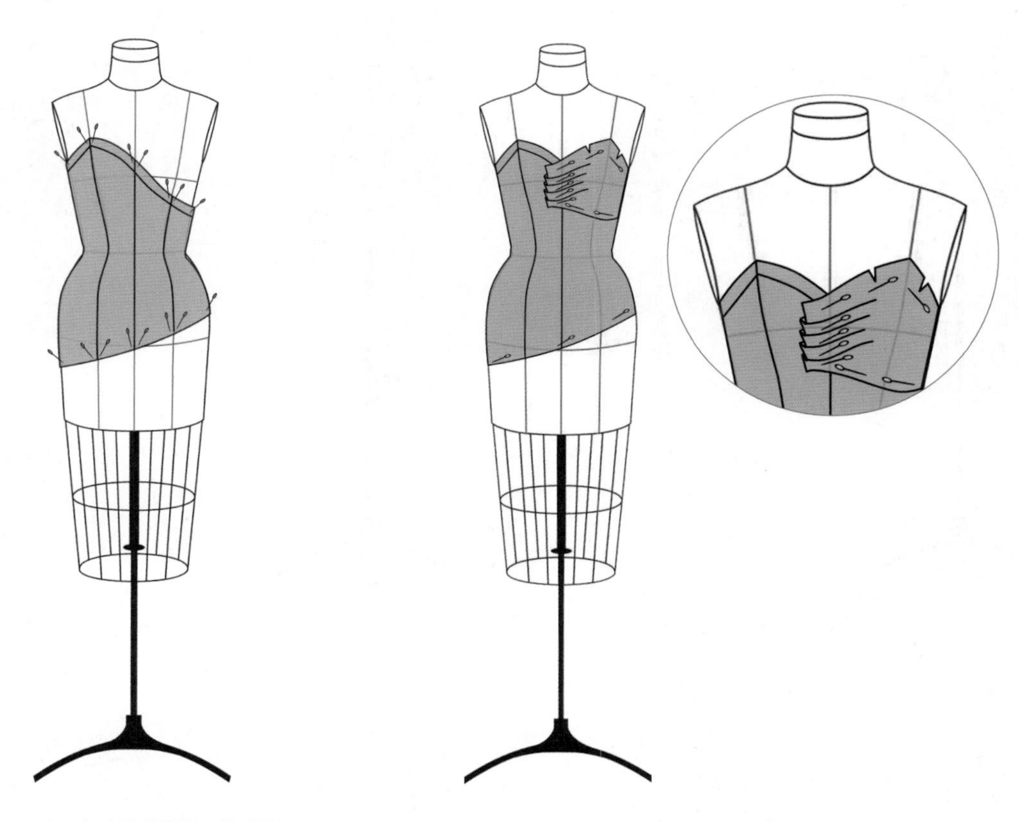

图5–19　右胸内衬的立体裁剪　　　　图5–20　左胸做褶裥

（六）右胸片取布

根据右胸片的形状灵活取布。取布方法：横向长度=该部位横向垂直距离的最长长度+损耗量（10cm）。因右胸片左侧的褶裥数量较多，需要预留褶裥的量，故纵向长度要预留比纵向实际长度3～4倍的长度。因此，纵向长度=该部位纵向水平距离的最长长度×（3～4）+损耗量（10cm）。

（七）右胸片的立裁制作

如图5–21所示，将白坯布斜向覆盖在人台右胸部位，且可覆盖到人台左侧缝并留约3cm的余量，推平白坯布，向内折叠2.5cm，边折叠、边用大头针进行固定直到左侧缝处，并以交叉针法用大头针固定胸高点；将悬垂在胸下处的布片，依次在人台胸下、左腰侧缝处做成褶皱的造型（图5–22、图5–23）；同样的方法，在礼服右侧缝边打剪口、边做出褶的造型（图5–24、图5–25）；修剪侧缝多余的量，用大头针固定褶的位置，并标记出左右侧缝线（图5–26、图5–27）。

图5-21　右胸片的立裁制作

图5-22　胸下做褶

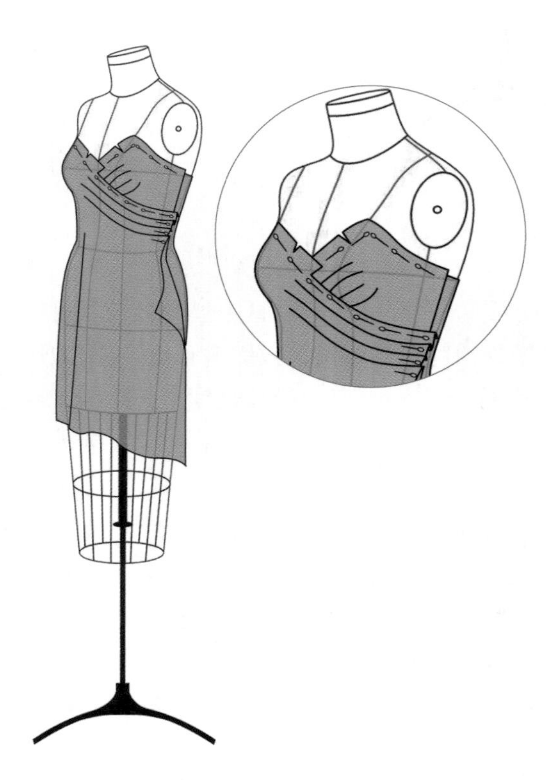

图5-23　完成后的造型

图5-24　礼服右侧打剪口

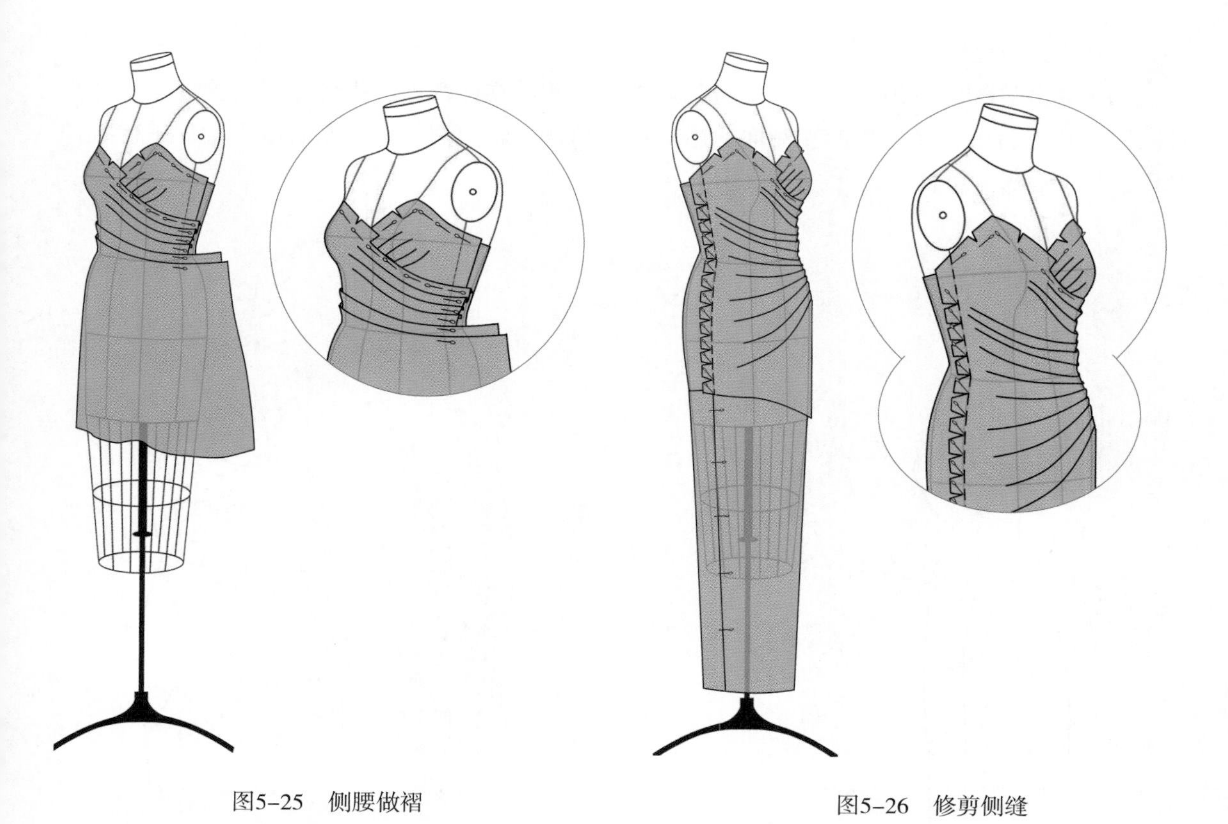

图5-25　侧腰做褶

图5-26　修剪侧缝

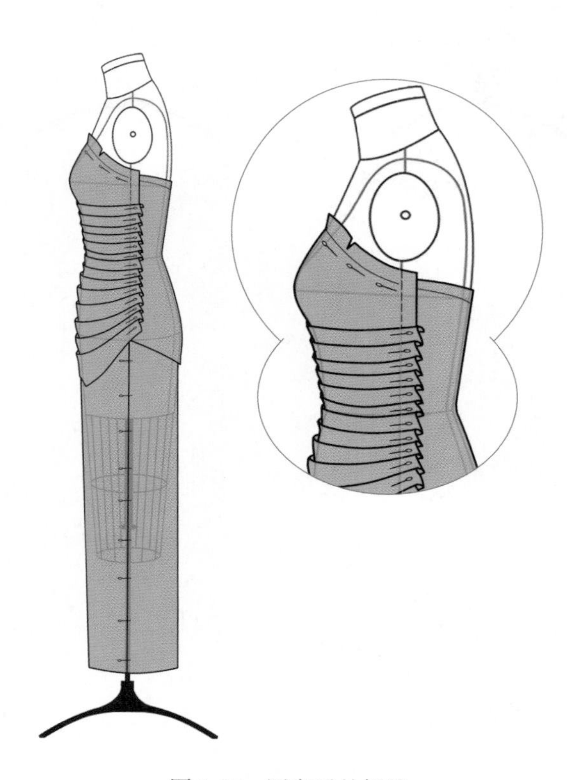

图5-27　固定后的侧缝

（八）完成造型

如图5-28、图5-29所示，完成上身的后中、后侧的立体裁剪；折合左、右侧缝，用大头针固定。在人台上，在打褶的左侧面，用褪色笔给裁片做褶裥标记，然后取下裁片进行纸样修正，校准后做好纸样。

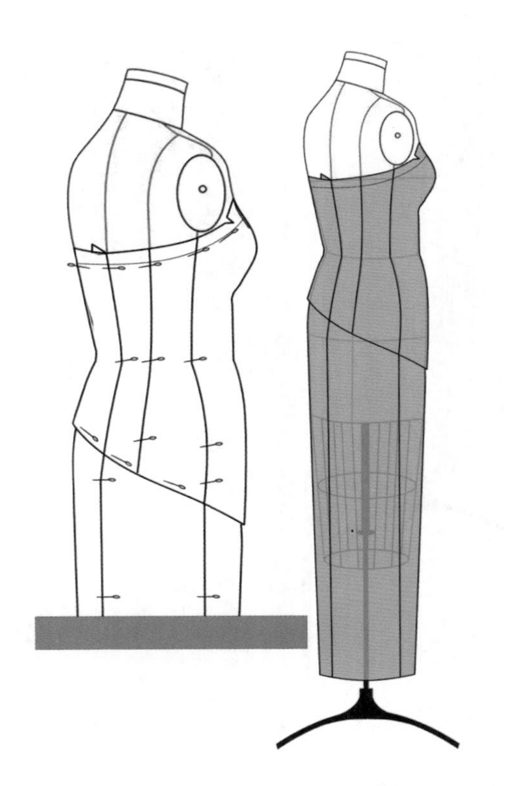

图5-28　完成后中、后侧的立体裁剪

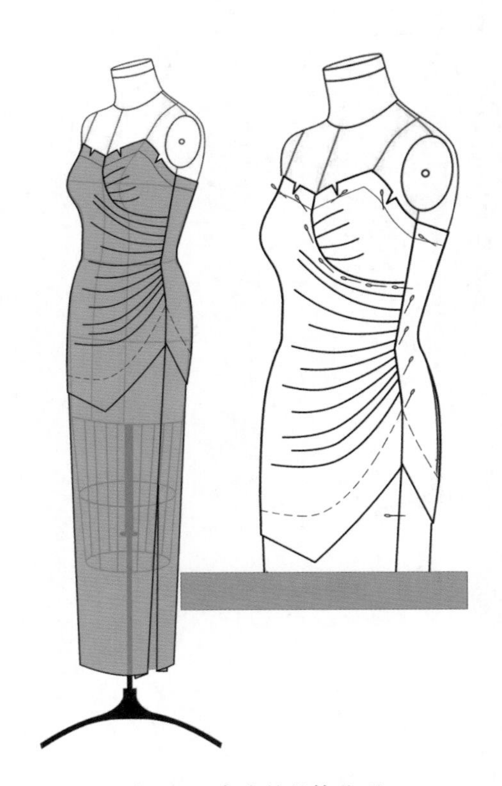

图5-29　完成的整体造型

第三节　蝴蝶结礼服裙的立体裁剪

一、款式造型分析

如图5–30所示，这是一款适合晚宴穿着的礼服裙，上身部分在肩带处设计放射褶，丰富了上半身的造型设计，裙装部分自然悬垂，营造优美曲线，裙身后侧臀部以下设计立体褶构成蝴蝶结造型，给人飘逸之感。

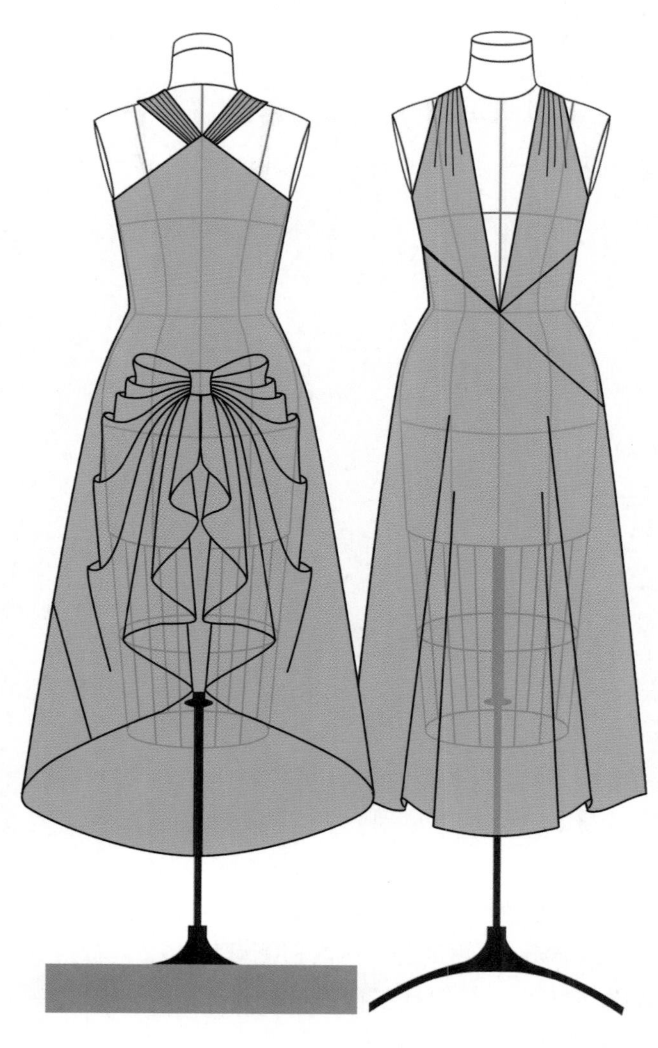

图5–30　款式图

二、立体裁剪制作

（一）人台准备

如图5–31所示，参照款式图，在人台上用标识线粘贴出款式造型线。

（二）下裙身取布

对照下裙片款式，取布尺寸长为210cm，宽为120cm。

（三）下裙身的立体裁剪

如图5-32所示，用大头针沿直丝缕方向将白坯布固定在人台上，从右侧缝开始斜向向左侧缝处覆布，裙身呈喇叭状展开。

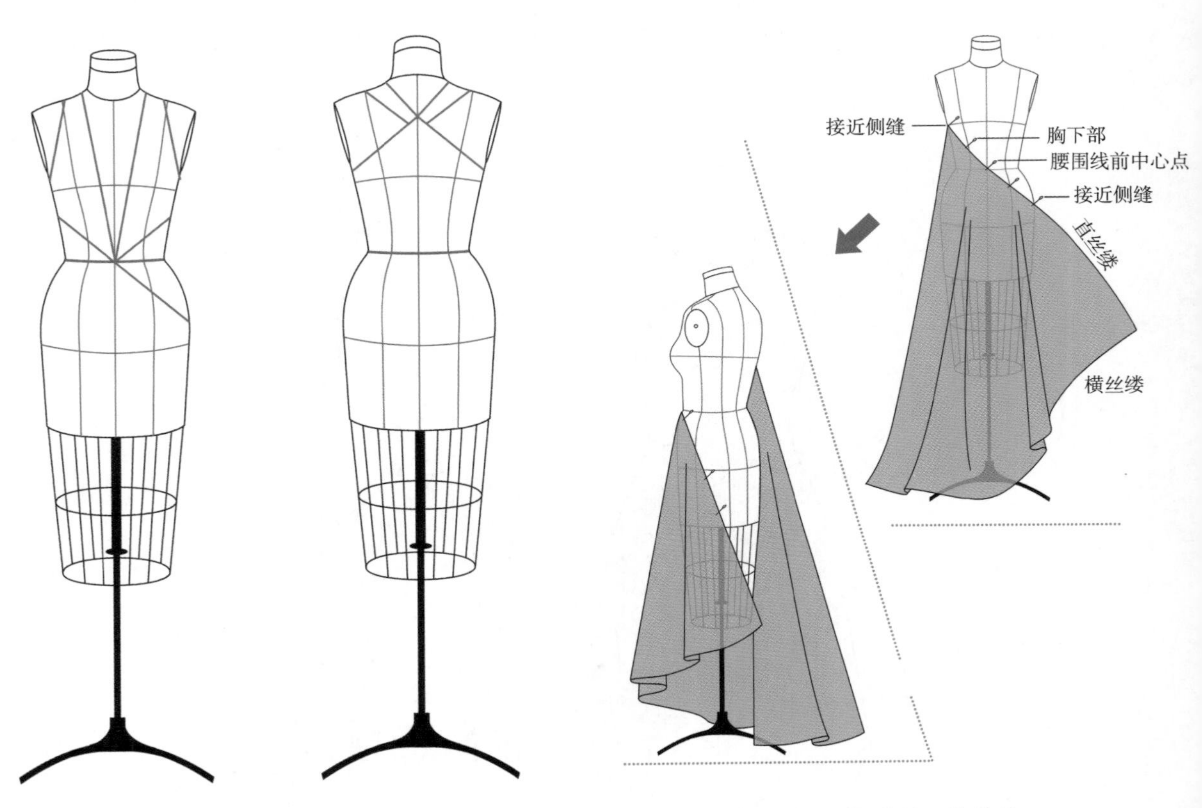

图5-31　人台准备

图5-32　下裙身的立体裁剪

如图5-33所示，当直丝缕悬垂到后片时，斜裁喇叭裙就产生了，用大头针在后颈点向下8cm处固定白坯布。为提高适体性，可用大头针向外别出省道，然后收到侧缝处，可反复调整。

如图5-34所示，将后片的布角打褶，然后交叉到前中心线的对角线处，继续将大头针固定。

如图5-35所示，综合调整左前侧至后中、右前侧至后中、左右裙身的平衡对称，可以通过调整后中、左右两侧省的大小，来促进左右片对称平衡。

（四）蝴蝶结的立体裁剪

如图5-36所示，蝴蝶结的设计位置位于后腰围线向下10cm，将白坯布沿后中线纵向剪开至设定的蝴蝶结位置，把多余的量收于后中缝处并留缝份，在蝴蝶结的位置横向剪开白坯布。

如图5-37所示，打剪口，并向里作贴边。

如图5-38所示，后中心线的大裙摆通过手工抽褶并固定，注意褶的分布均匀。

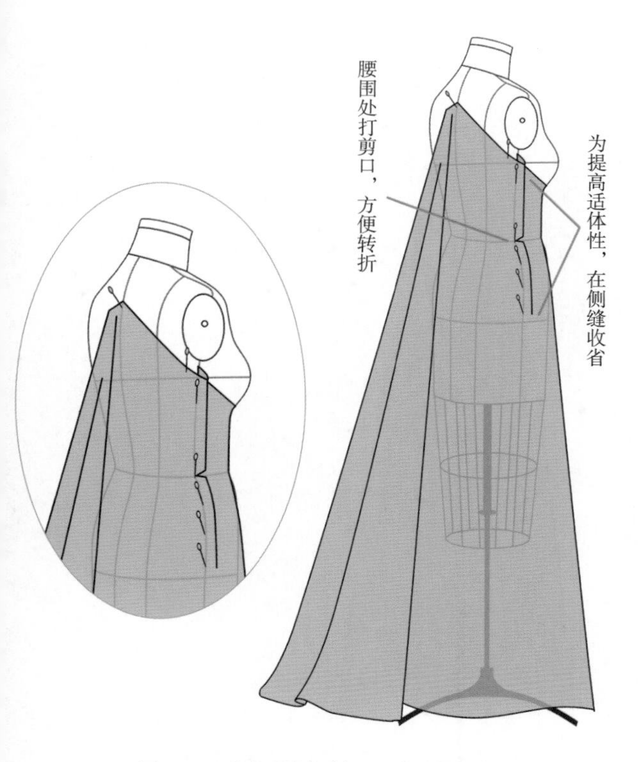

图5-33 腰围处打剪口，侧缝收省

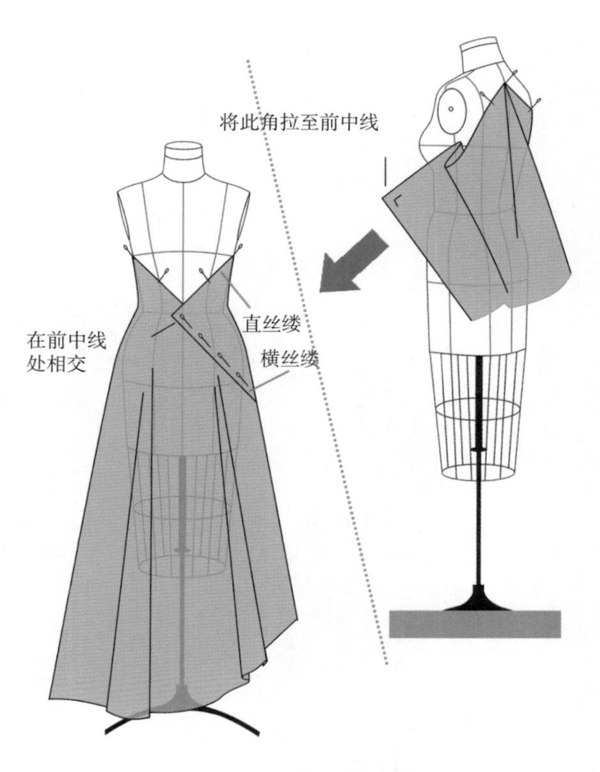

图5-34 后片布角打褶

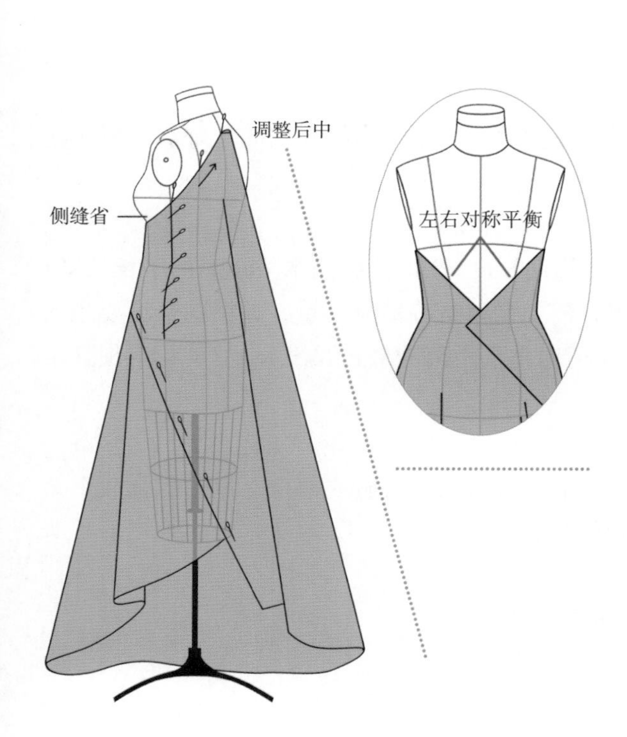

图5-35 左右身平衡对称

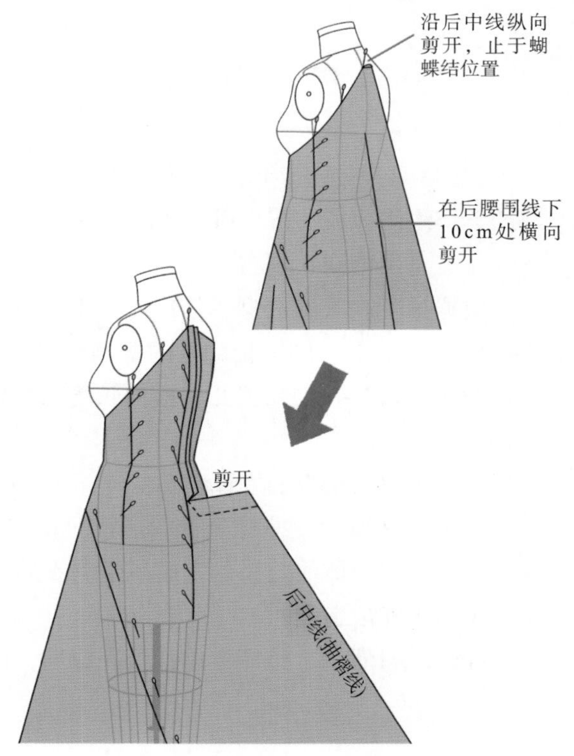

图5-36 蝴蝶结的立体裁剪

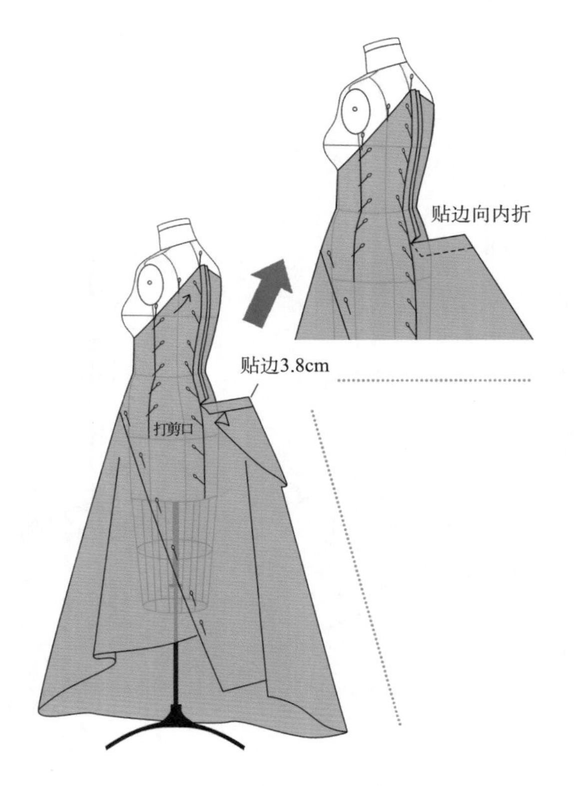

图5-37　打剪口，向里做贴边

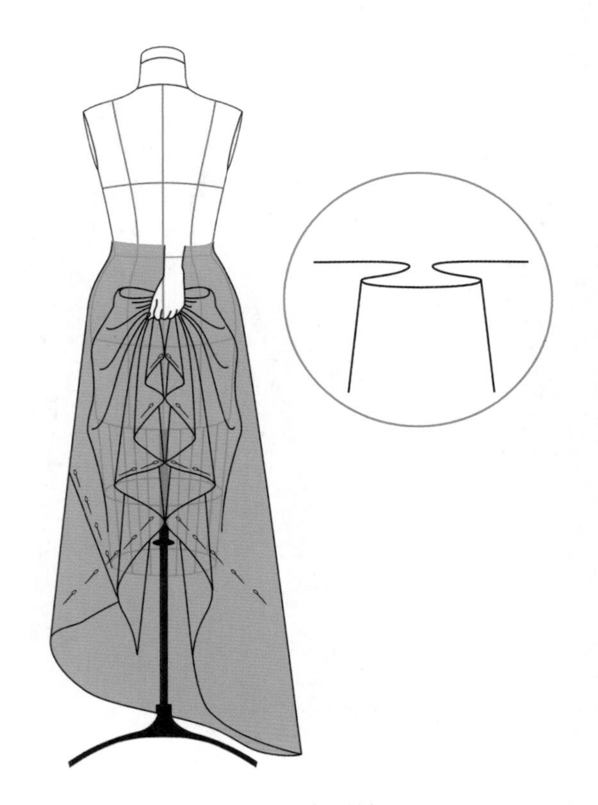

图5-38　手工抽褶

如图5-39所示，用大头针标记出一条参考线作为下摆造型，当蝴蝶结固定好后，将标记好的下摆线修剪成一条平滑圆顺的曲线。

（五）吊带胸衣取布

根据吊带胸衣的造型灵活取布。取布方法：纵向长度=该部位纵向水平距离的最长长度+损耗量（10cm）。因吊带胸衣的褶裥数量较多，需要预留折叠褶裥的量，故横向长度要预留比横向实际长3～4倍，因此，横向长度=该部位横向垂直距离的最长长度×（3～4）+损耗量（10cm）。

（六）吊带胸衣的立体裁剪

如图5-40所示，按标识带的形状，将布片覆盖于人台的吊带胸衣部位，通过抓褶收平余量，达到胸部合体的效果，完成吊带胸衣的立体裁剪。

（七）完成造型

如图5-41所示，整体立体裁剪完成后，调整并整理造型。

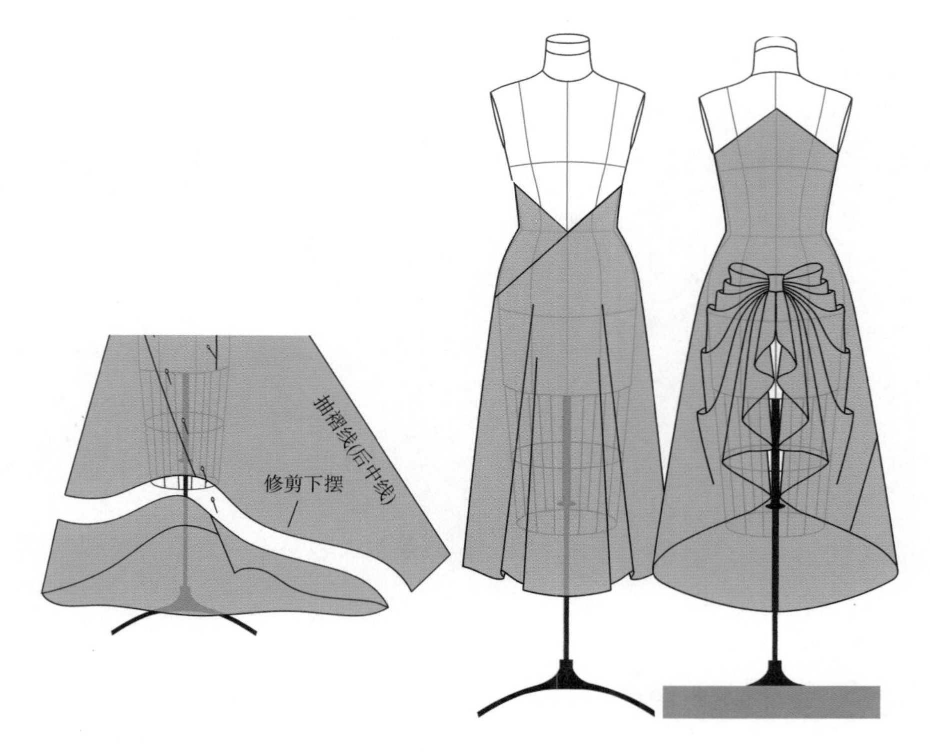

图5-39　修剪下摆

图5-40　吊带胸衣的立体裁剪

图5-41　完成造型

思考与练习

1. 自选礼服为参照样本，完成 10 款礼服的立体裁剪制作。
2. 完成 2 款礼服的款式设计、立体裁剪样板制作、工艺制作的全过程。

第六章 礼服的快速立体裁剪

第一节　前中领口系结挂颈垂褶长礼服的快速立体裁剪

一、款式造型分析

如图6–1所示，此款使用了有弹性且具垂感的面料，用前胸口系结产生的褶皱丰富整体造型。

图6–1　款式图

二、立体裁剪制作

（一）取布

选用弹性较好、悬垂感强的布料，取布尺寸长270cm，宽200cm。

（二）覆布

如图6–2所示，将布料的后中标记线与人台后中线对齐，将布料从后侧穿过腋下一直拉至前中，面料左右对称、水平同高。

（三）胸前系结

如图6–3所示，取适当长度布料，在胸前系结，系结后的余量向颈后拉。

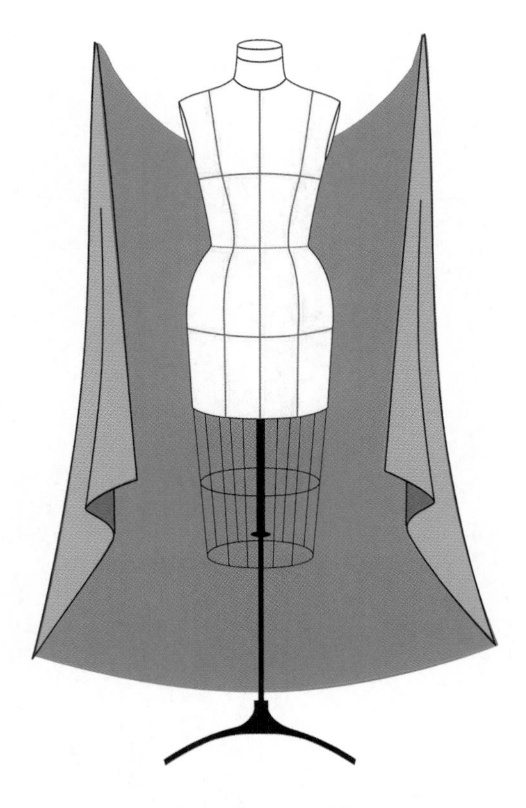

图6–2　后片覆布

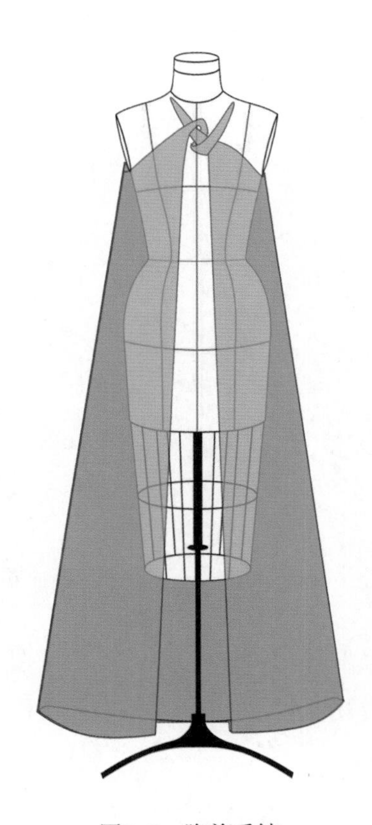

图6–3　胸前系结

（四）颈后固定

如图6–4所示，用若干个圆环将拉到颈后的布料连接挂在后颈处，整理前颈和胸上部位的褶皱。

（五）前中别合

如图6–5所示，为防止走光，在前侧胸下、腰部、臀围线处、大腿中部，用别针别合。

（六）完成造型

如图6–6所示，整理小礼服各部位造型，完成廓型。

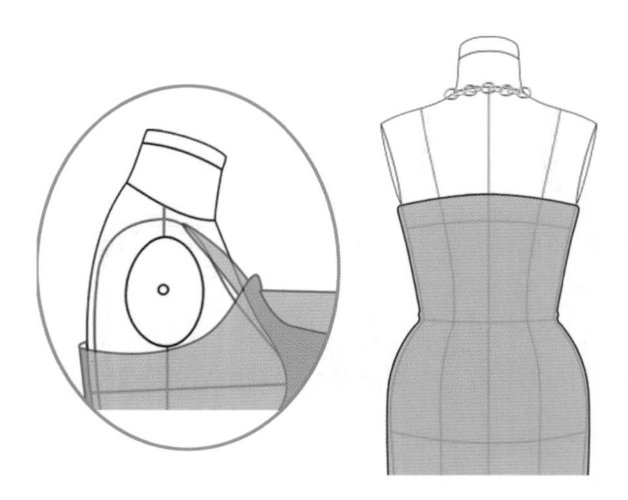

图6-4　颈后固定

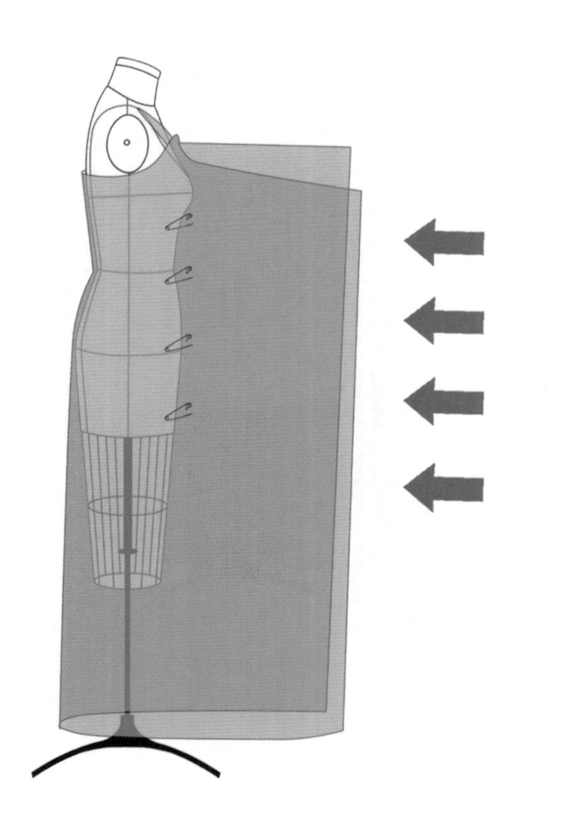

图6-5　前中别合

图6-6　完成效果

第二节　斜搭绕颈腰间垂褶长礼服的快速立体裁剪

一、款式造型分析

如图6-7所示，此款为斜搭绕颈腰间垂褶长礼服，选用有弹性且具垂感的面料，结合配饰（或配件）形成斜搭绕颈且收腰的款式造型。

图6-7　款式图

二、立体裁剪制作

（一）取布

选用弹性较好、悬垂感强的布料，取布尺寸长270cm，宽200cm。

（二）颈部立裁

如图6-8所示，将布边一角绕过颈部，并用别针固定，整理颈部造型，其余布料绕向人台后侧。

（三）围绕覆布

如图6-9所示，将左侧面料绕过前胸，经腋下，拉至右侧侧缝处。

（四）腋下固定

如图6-10所示，将面料用别针固定于右侧腋下。

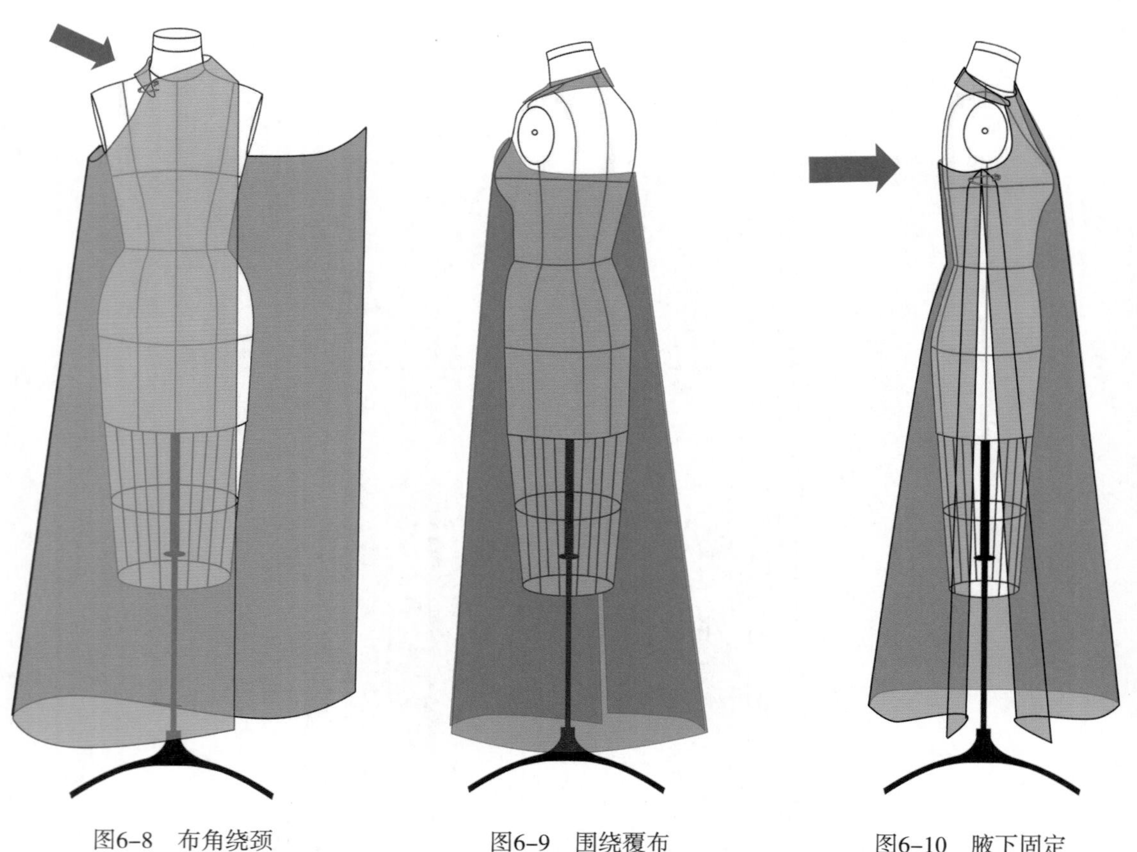

图6-8　布角绕颈　　图6-9　围绕覆布　　图6-10　腋下固定

（五）固定臀部

如图6-11所示，将面料集中拉紧并在右侧前腰围线处固定，同时在臀部至大腿之间用别针固定。

（六）完成造型

如图6-12所示，将多余布料在腰间用别针别合形成抓褶，可在抓褶处用饰品点缀；最后调整造型，完成制作。

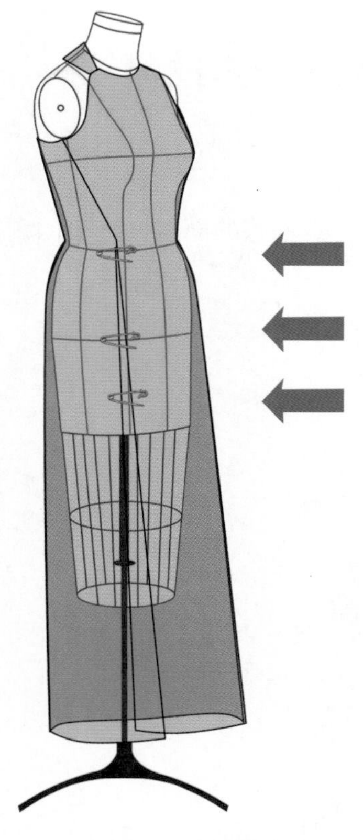

图6-11　固定臀部

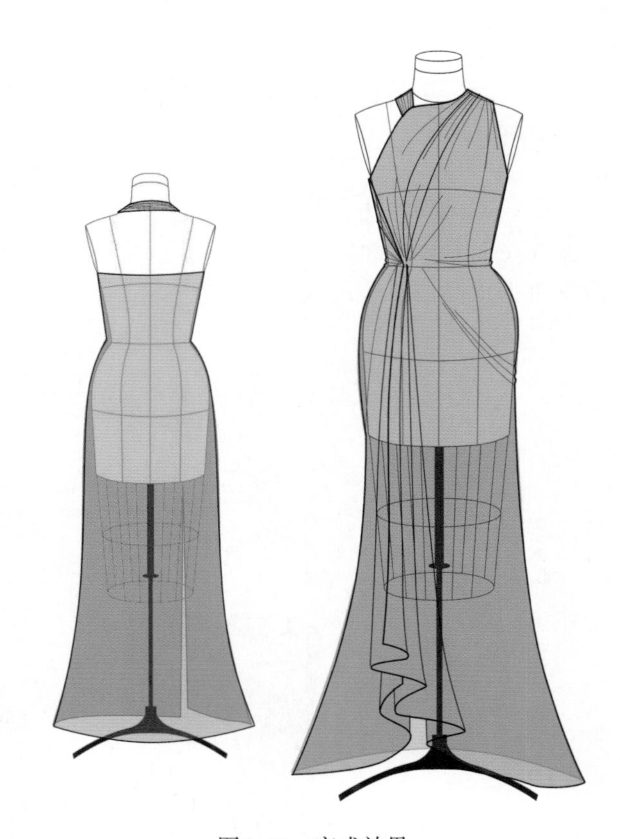

图6-12　完成效果

第三节　单边搭肩垂褶长礼服的快速立体裁剪

一、款式造型分析

如图6–13所示，此款为单边搭肩垂褶长礼服，运用有弹性且具垂感的面料，胸前的垂褶结合配饰形成简洁修长的款式。

图6–13　款式图

二、立体裁剪制作

（一）取布

选用弹性较好、悬垂感强的布料，取布尺寸长270cm，宽200cm。

（二）覆布

如图6-14所示，将整块面料从人台后侧穿过腋下，向人台正面拉，保持左右对称。

（三）右侧腋下固定裙片

如图6-15所示，将面料布边一角（左）在右侧腋下位置以别针固定。

（四）左胸处固定裙片

如图6-16所示，将右侧面料拉至左胸及腋下附近，用别针固定；然后取适当长度的面料从左肩向上绕过肩部至后背。

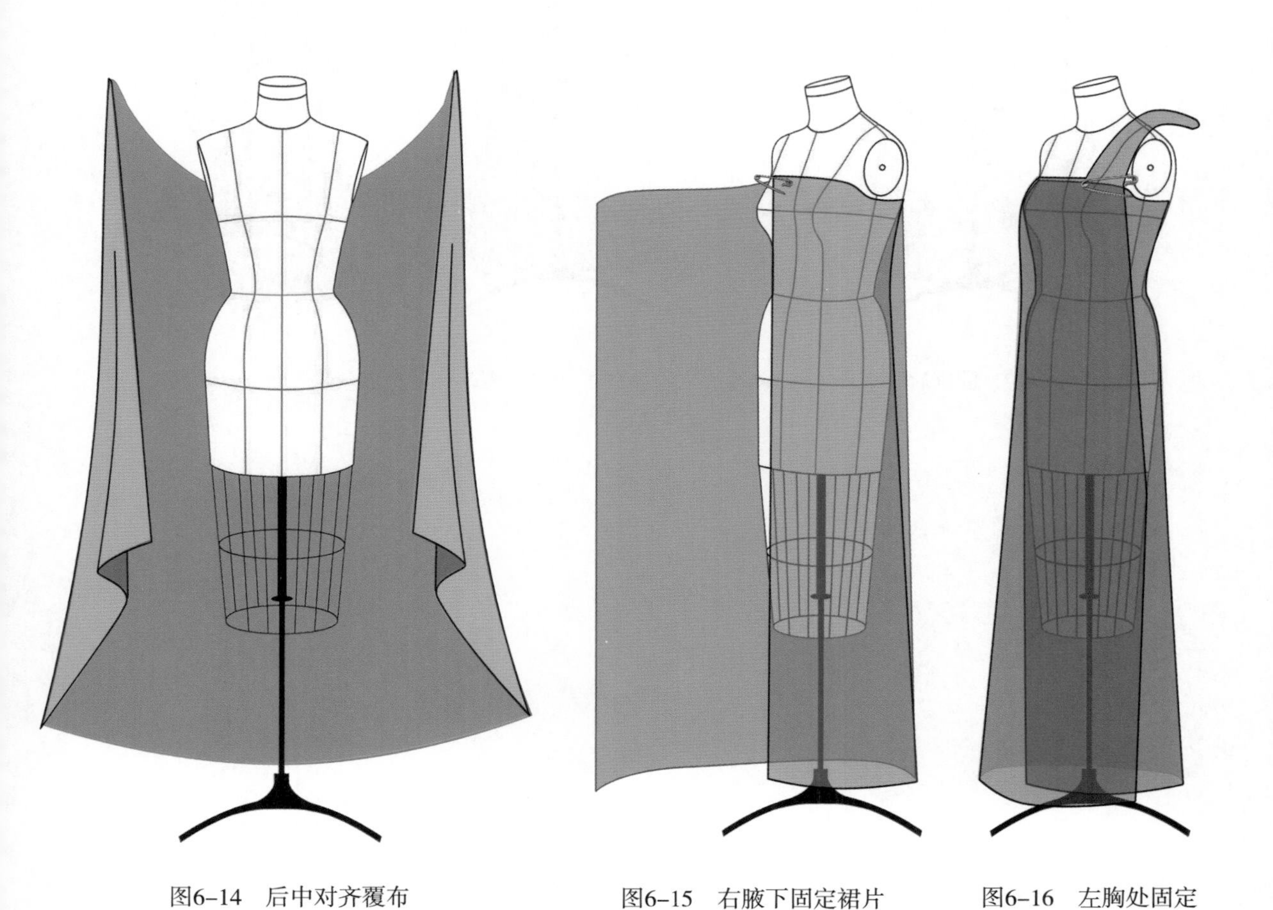

图6-14　后中对齐覆布　　图6-15　右腋下固定裙片　　图6-16　左胸处固定

（五）后背固定

如图6-17所示，将绕过后背的布料水平拉向身后，用别针在后背处固定。

（六）效果展示

如图6-18所示，调整造型，制作完成。

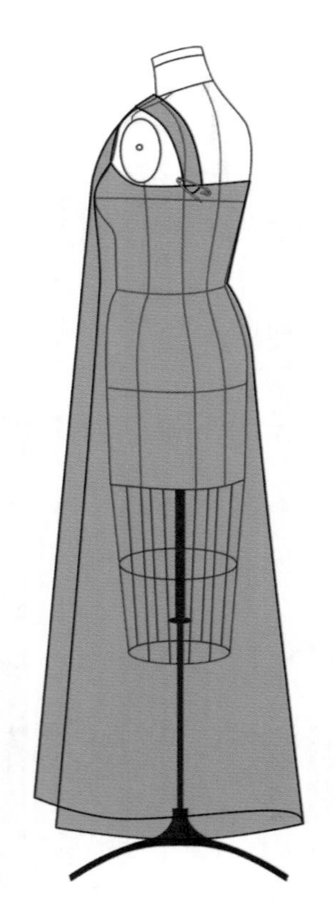

图6-17　固定后背

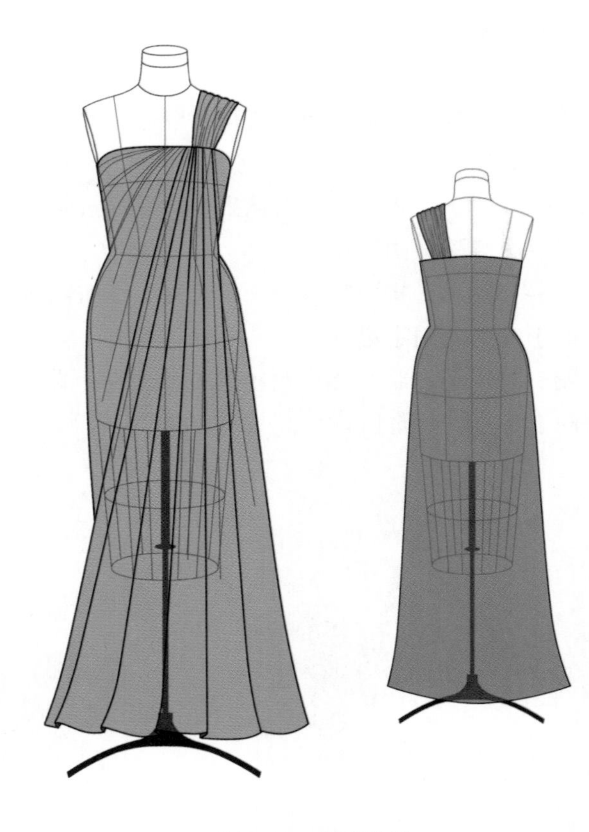

图6-18　完成效果

第四节　胸口吊带挂颈褶皱长礼服的快速立体裁剪

一、款式造型分析

如图6-19所示，此款为胸口处吊带挂颈褶皱长礼服，运用有弹性且具垂感的面料，胸前设计褶皱。

图6-19　款式图

二、立体裁剪制作

（一）取布

选用弹性较好、悬垂感强的布料，取布尺寸长270cm，宽200cm。

（二）覆布

如图6–20所示，将面料与人台后中对齐进行覆布，从腋下穿过并将布两边拉齐至前中，面料在人台两侧左右对称。

（三）布角在颈后固定

如图6–21所示，拉住左、右两侧的布角，分别绕过左、右两侧腋下，用别针将两布角在颈后固定。

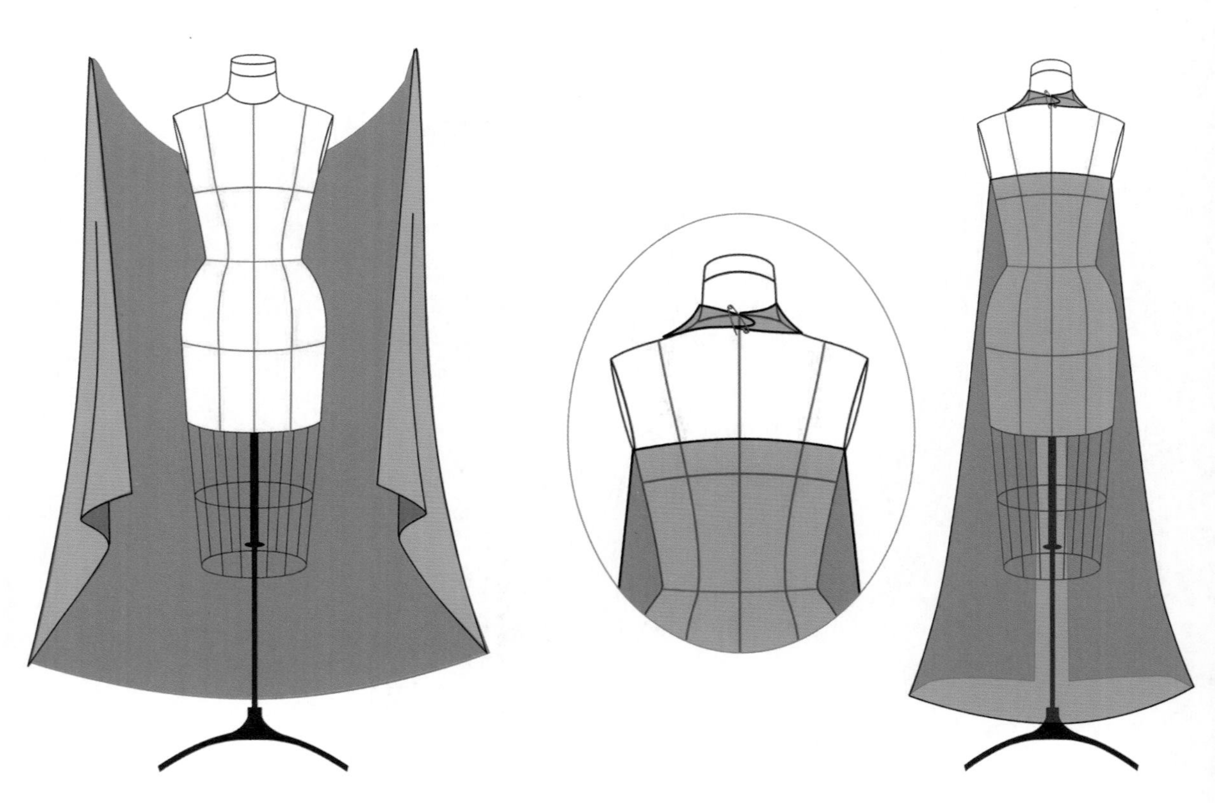

图6–20　后片覆布

图6–21　布角在颈后固定

（四）套环

如图6–22所示，在左、右挂颈布角分别套环固定。

（五）身前用别针别合

如图6–23所示，提起人台正面的余布，分别用别针在胸下、腰部、臀部、大腿中部收紧。

（六）胸前固定

如图6–24所示，胸前用别针固定，做出胸前造型。

（七）效果展示

如图6–25所示，调整造型，制作完成。

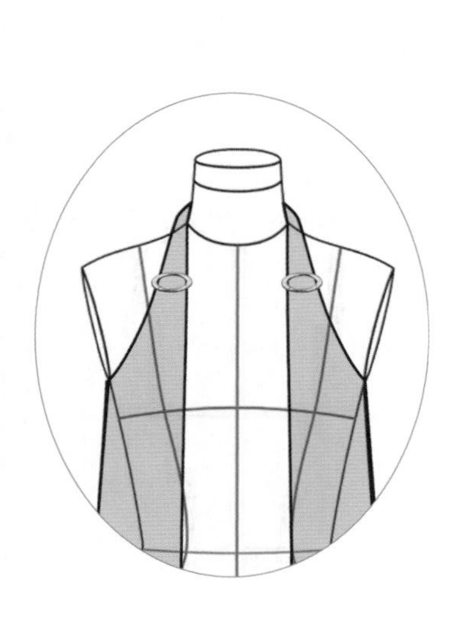

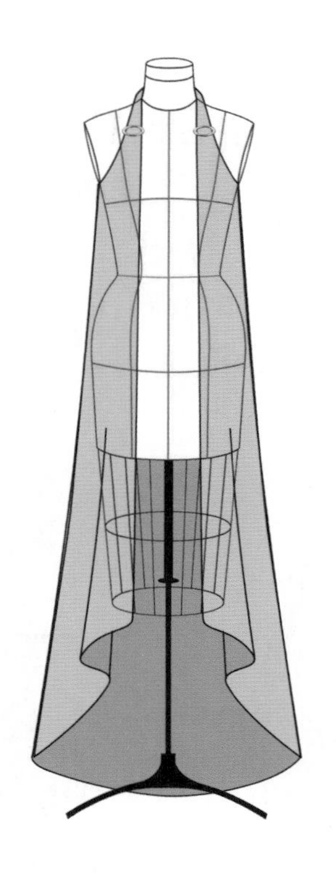

图6-22　套环

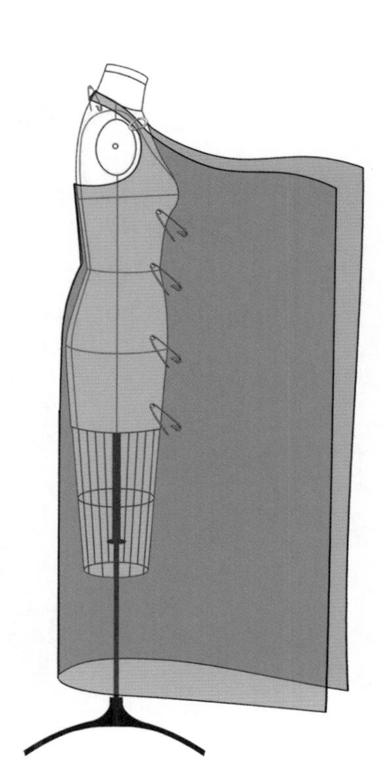

图6-23　身前用别针别合

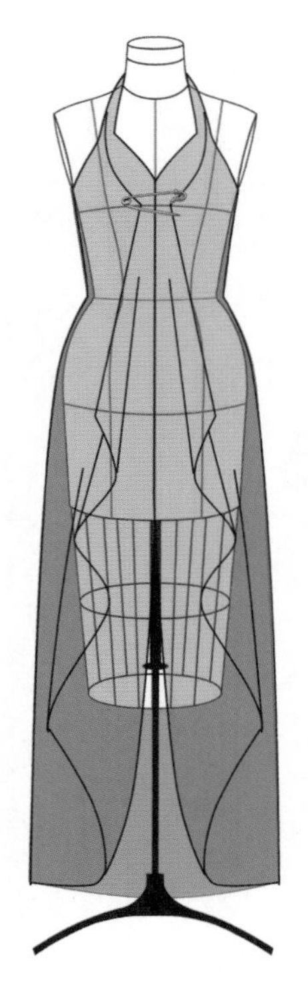

图6-24　胸前固定

图6-25　完成效果

第五节　吊带挂颈垂褶长礼服的快速立体裁剪

一、款式造型分析

如图6-26所示，此款为吊带挂颈垂褶长礼服，运用有弹性、垂感的面料，结合配饰（或配件）固定前胸以及腰间以形成褶皱效果。

图6-26　款式图

二、立体裁剪制作

（一）取布

选用弹性较好、悬垂感强的布料，取布尺寸长270cm，宽200cm。

（二）覆布

如图6–27所示，将面料与人台上的前中线对齐覆布，取适当长度，从前面绕颈。

（三）打结

如图6–28所示，在颈后打结固定（或用别针固定）。

（四）叠裹

如图6–29所示，将两侧面料分别向左后、右后叠裹，于腋下固定。

（五）装配饰

如图6–30所示，在腰间使用装饰链条配件收紧形成褶皱。

（六）效果展示

如图6–31所示，调整各部位造型，完成快速立体裁剪制作。

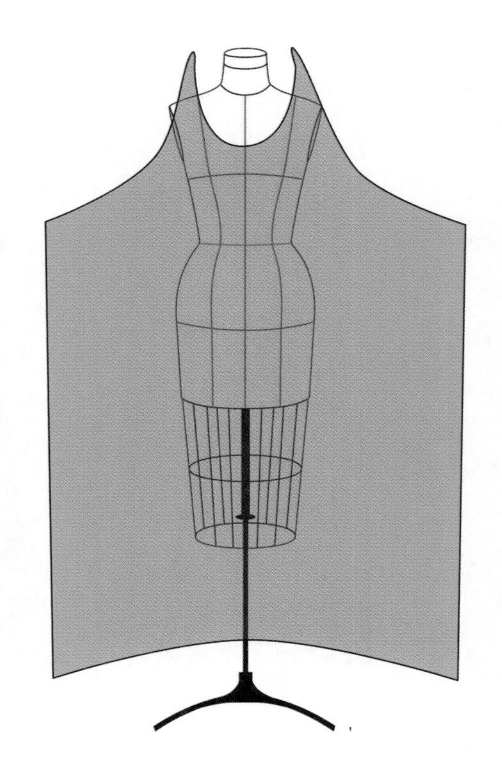

图6–27　覆布

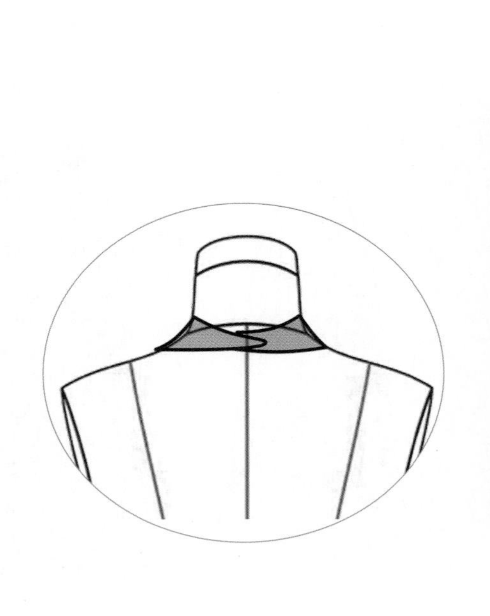

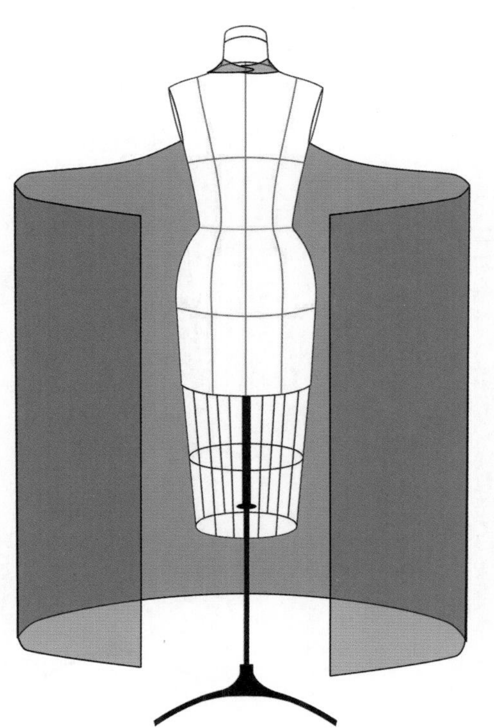

图6–28　打结

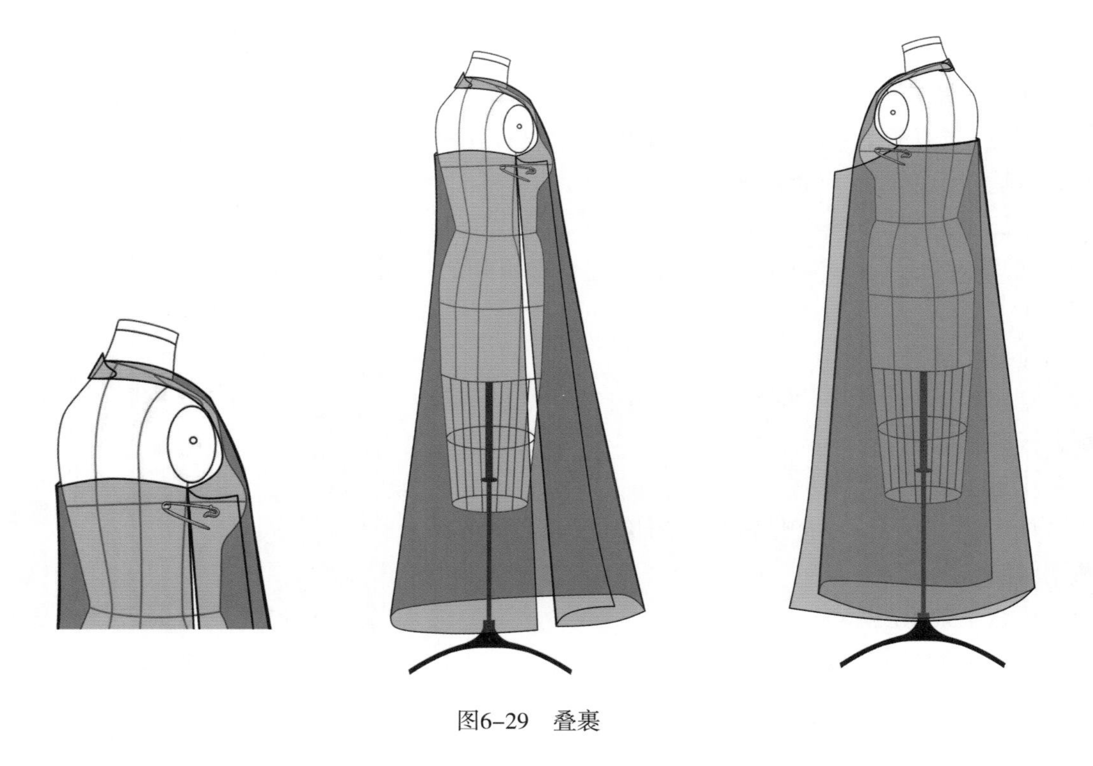

图6-29 叠裹

图6-30 装配饰

图6-31 完成效果

第六节　V字领口吊带收腰垂褶长礼服的快速立体裁剪

一、款式造型分析

如图6-32所示，此款为V字领口吊带收腰垂褶长礼服，选用有弹性、垂感的面料，结合配饰（或配件）在前胸和后中固定形成V字领收腰的款式造型。

图6-32　款式图

二、立体裁剪制作

（一）取布

选用弹性较好、悬垂感强的布料。布料正面为黑色，背面为银色。取布尺寸长280cm，宽200cm。

（二）覆布

如图6–33所示，将面料与人台的后中线对齐覆布，从腋下穿过，两边拉齐，左右对称。

（三）胸前固定

如图6–34所示，在胸前收紧并以别针固定。

（四）制作吊带

如图6–35所示，从前胸绕到颈后，用别针固定。

（五）固定前中

如图6–36所示，提起人台正面的余布，分别在胸下、腰部、臀部、大腿中部收紧，用别针依次固定。

（六）装饰套环固定

如图6–37所示，在挂颈布料两边分别套环固定。

（七）固定后中

如图6–38所示，胸前套环固定后，左右余布各自绕向人台后侧，然后用别针将面料在后中固定。

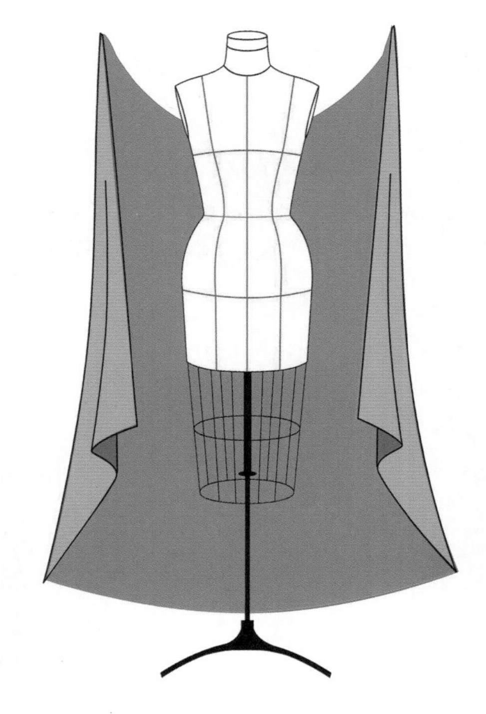

图6–33 覆布

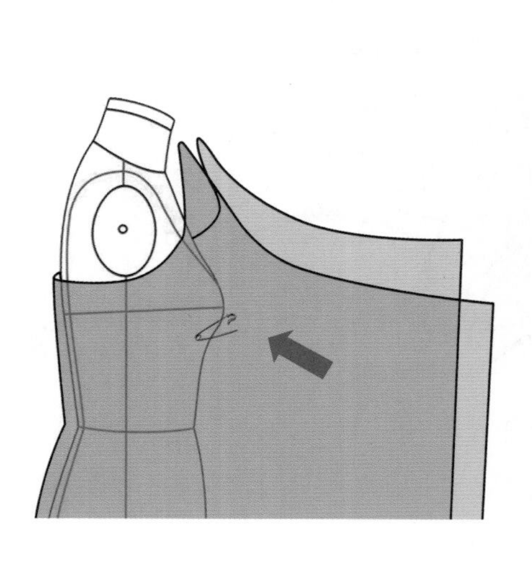

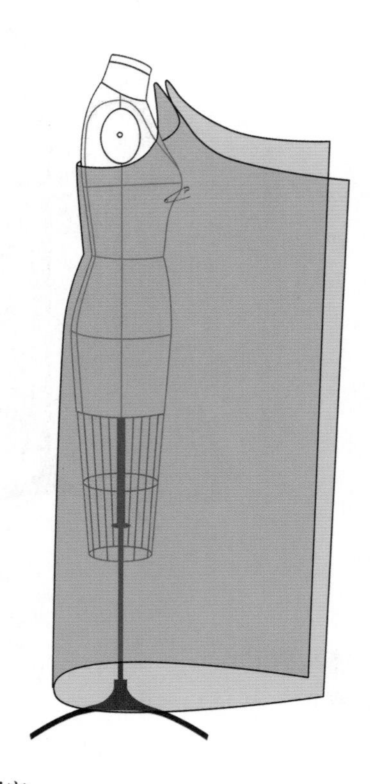

图6–34 胸前固定

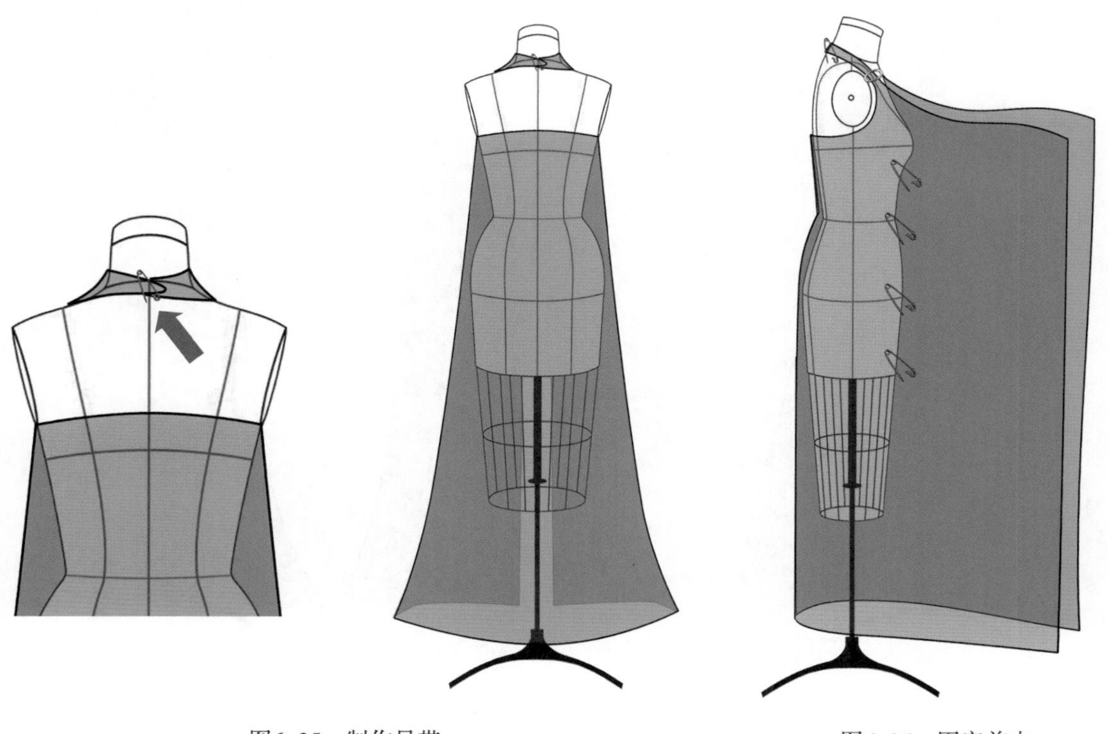

图6-35　制作吊带　　　　图6-36　固定前中

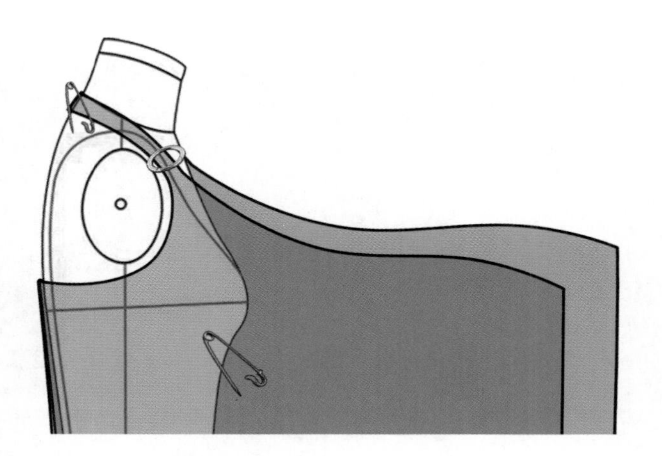

图6-37　装饰套环固定

（八）调整造型

如图6-39所示，调整前片胸部、垂褶的造型，整体效果完成。

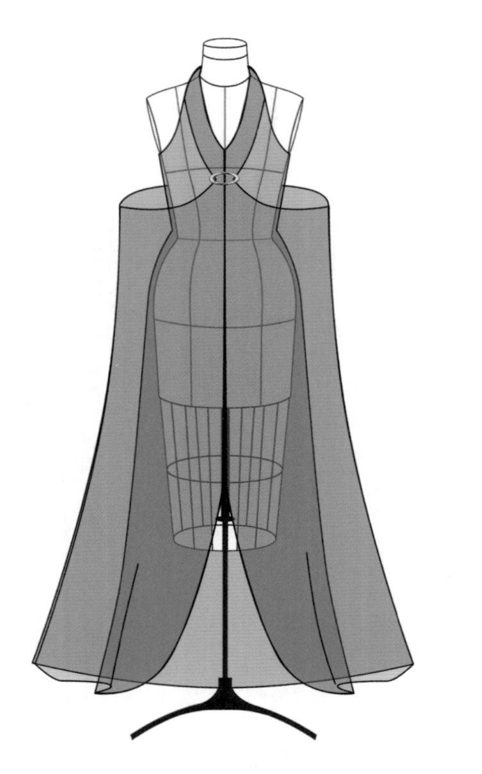

图6-38 固定后中

图6-39 完成效果

（九）三维VR仿真制作（图6-40）

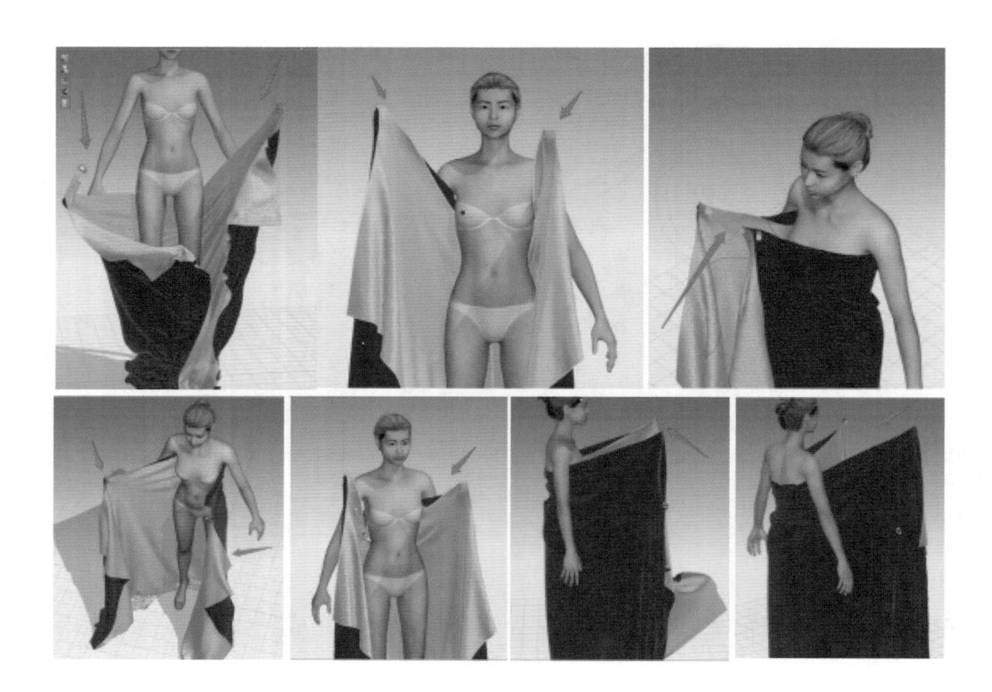

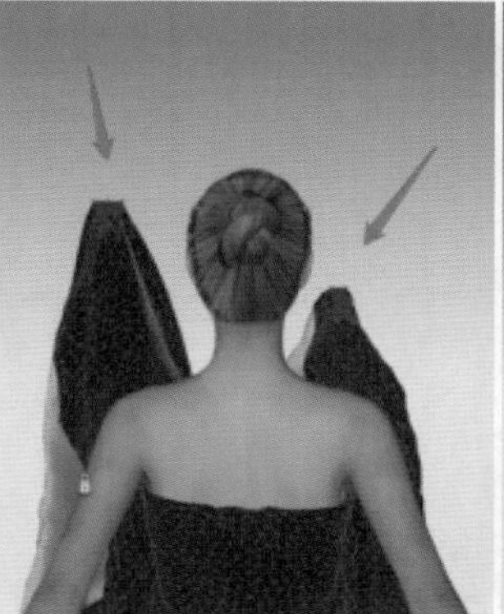
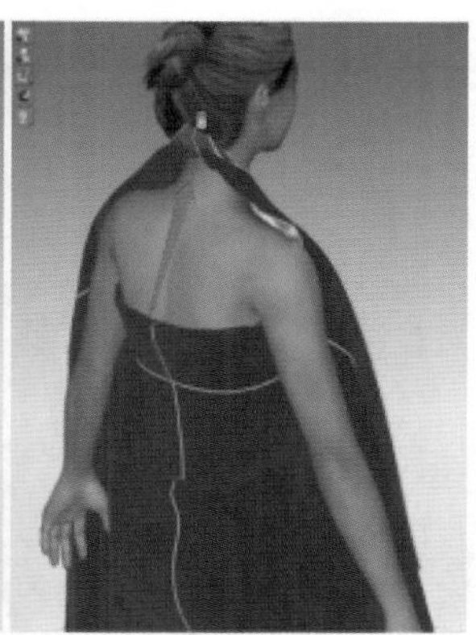
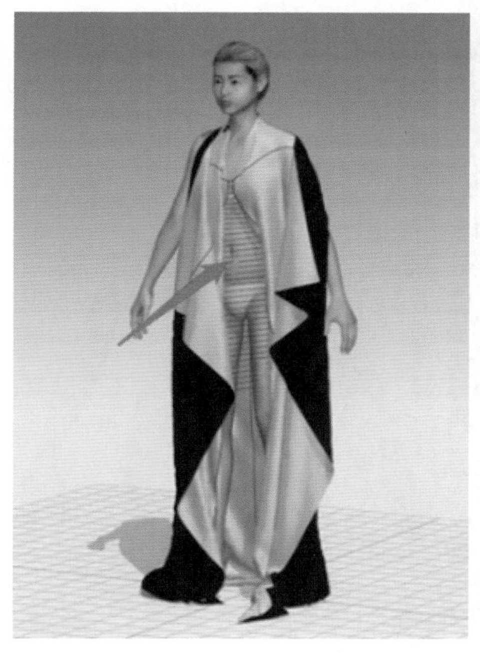
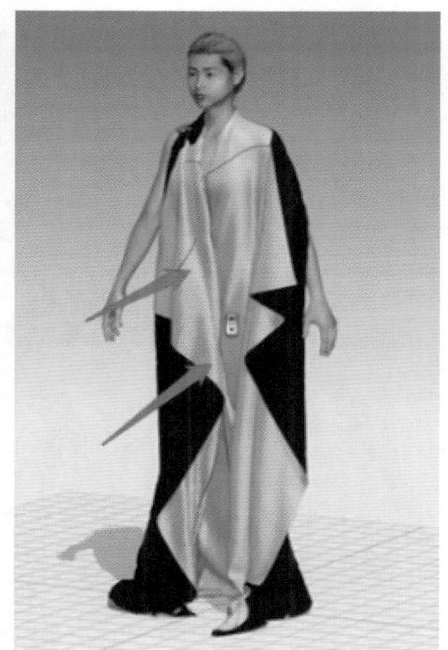
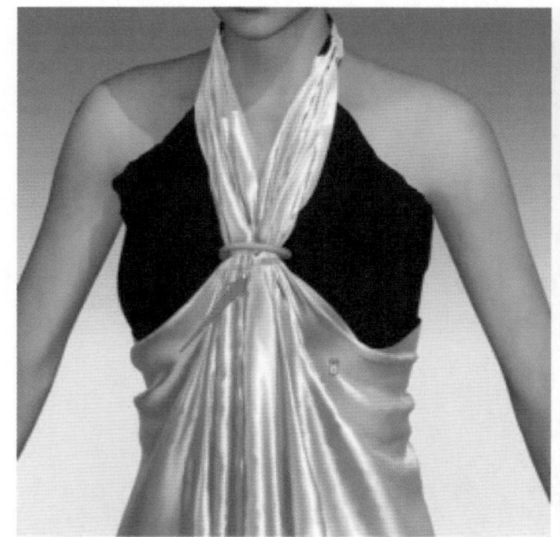
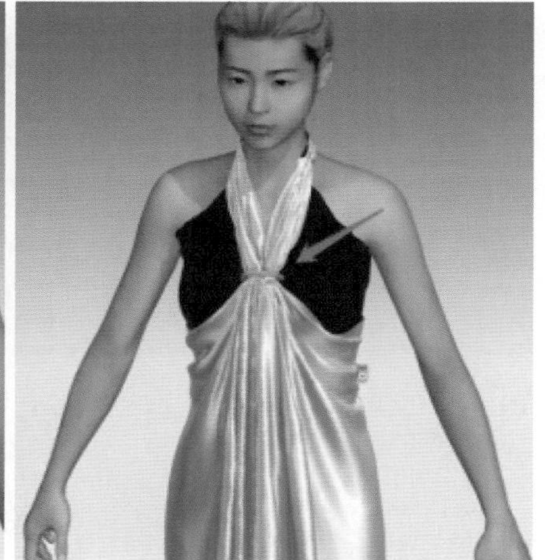

图6-40

图6-40 三维VR仿真制作过程演示图

思考与练习

1. 完成 10 款小礼服的快速立体裁剪制作。
2. 以本书学习心得体会为题，制作 PPT，在课程结课时，进行分享汇报。

参考文献

[1] 约瑟夫．服装立体裁剪：下［M］．刘驰,译．上海：东华大学出版社，2016.3

[2] 约瑟夫．服装立体裁剪：上［M］．刘驰，钟敏维,译．上海：东华大学出版社，2016.3

[3] 陶辉．服装立体裁剪基础［M］．上海：东华大学出版社，2013.3

[4] 邓鹏举，王雪菲．服装立体裁剪［M］．北京：化学工业出版社，2007.7

[5] 胡强．服装立体裁剪实用技术［M］．上海：东华大学出版社，2010.4

[6] 戴建国．服装立体裁剪技术［M］．上海：中国纺织出版社，2012.1

[7] 魏静．立体裁剪与制板［M］．北京：高等教育出版社，2004.6

[8] 张祖芳．服装立体裁剪［M］．上海：上海人民美术出版社，2007.6

[9] 崔学礼．尚装服装讲堂·服装立体裁剪I［M］．上海：东华大学出版社，2020.6